陈明坤◎著

逆袭

艰难下的突围之路

中国文史出版社

图书在版编目（CIP）数据

逆袭：艰难下的突围之路 / 陈明坤著 . -- 北京：
中国文史出版社 , 2020.6

ISBN 978-7-5205-2016-4

Ⅰ . ①逆… Ⅱ . ①陈… Ⅲ . ①成功心理－通俗读物
Ⅳ . ① B848.4-49

中国版本图书馆 CIP 数据核字 (2020) 第 073102 号

责 任 编 辑：卜伟欣

出 版 发 行：**中国文史出版社**

社　　　址：北京市海淀区西八里庄 69 号院　邮编：100142
电　　　话：010-81136606　81136602　81136603（发行部）
传　　　真：010-81136655
印　　　装：北京金康利印刷有限公司
经　　　销：全国新华书店
开　　　本：710mm×1000mm　1/16
印　　　张：15
字　　　数：163 千字
版　　　次：2020 年 8 月第 1 版
印　　　次：2020 年 8 月第 1 次印刷
定　　　价：47.00 元

序言

　　这本书是在2020年这场突如其来的疫情中完成的，这场疫情考验着每一个人。2020年对中国乃至整个世界都是艰难的一年。在面对危机时，有的人焦虑、恐慌、低落、不知所措，有的人却能积极、乐观、勇敢面对。这场疫情，使我可以静下来，观内在，想未来。

　　我希望把这本书送给正在艰难当中想要改变的你，帮助你了解自己，提升自我认知，使你可以快速适应新环境，突围逆袭。

　　你相信吗？世界上有这么一类人，不为钱活着。我就是这样一种人。我心里总有一团火在燃烧，想要去唤醒和帮助他人。我心里总有无数豪言，想要去宣告，好像很多人都在等着我的激励。所以，无论是讲课、写书还是做自媒体，我都坚持原创，因为我心底每个时刻都在呐喊。

　　疫情期间我呈现出的状态，是我几十年经历的缩影，我已经四十岁了，回头看这四十年，可以用"傻傻地拼命"来形容。有句话叫你老妈觉得你很累，我妈经常说的话是，别那么累了，挣多少钱是多啊，身体是最重要的。我刚开始还会因为她不懂我辩驳几句，后来就会温和地看着老妈笑。

　　很多人都问我，明坤老师，您为什么永远不知疲倦呢？您的动力在哪里？我说，我来到这个世界上最大的动力就是去唤醒和成就那些想要改变自己命运的人。让那些穷人家的孩子，有人帮，能够白手起家。

所以，因为我知道自己的天赋使命，工作起来便不知疲倦。

从2004年到现在，我创建和运营了整整16年的线下与线上社群，其中80%的社群，都是公益社群。从2014年开始，我开始做线下与线上训练营。每一期训练营，短则100天，长则1年。我投入了百分之百的精力给每个想要改变的学生。16年来，从我社群里走出去的人，都会讲类似的一句话：明坤老师给了我自信与力量，让我不迷茫。是的，对我来说，能够让每个人活出他们自己的生命价值，找到心动力，是我最开心的事。

我感觉自己非常幸运，我生在中国，而且碰到好时代。各种环境都为我这样的草根，创造了实现梦想的机会。我只恨时间不够用，所以，哪敢休息啊。对于事业，我有用不完的力气，对于生活，我有很多的兴趣爱好。我是个多才多艺的人，写作、音乐、唱美声、播音主持、教育戏剧、中英文演讲、各种语言……这些年，除了生命的学习，在各种技能上的练习，我也花了一些时间。我曾经以为我会成为一名歌唱家，一名导演，或者是一名节目主持人……所以，你能想象到，我的生命有多么的丰富多彩吗？

我是一个很普通，不聪明，甚至活得有点笨拙的人。但凡是我决定的事，我都有很强的自律与巨大的耐力。我对自己持久耐力的巨大信心，来自我刚上小学的时候。第一学期考试，我倒数第二，被老师叫家长。我站在门口听到班主任说，我脑袋和倒数第一一样，有点问题，老师要求我留级。的确，妈妈生我三天三夜，导致我大脑缺氧，所以，我的记忆力非常差，就是到现在，我的记忆力依然很差。妈妈也不认字，她天天带我去舅妈家辅导，不到半学期我的成绩竟然成了班级第三名。

从那以后，我就在所有人眼里，变成了奇迹。一个在很多人眼里自卑的"傻子"，竟然成了班级里的学习尖子。连我爷爷也怀疑，我是怎么做到的。哪有什么秘诀，就是付出的时间比别人多得多，背不下来，就一句句理解。人家是用大脑背东西，我是用心和身体吃进去。所以，我学东西往往不快，但是，只要我学会了，就理解透了，并且能操作了。原因就是我用身体和心学习。

也许正是因为我有天生的缺陷，我才能更加理解和我一样的不聪明人，我才能站在他们的立场，给他们带来一束光。

我出生在农村，父母都是农民，家境贫寒的我，拿着600块钱来北京，从一个自卑的销售员，成长为帮助他人改变的导师。这一路，经历了什么，我清楚。所以，我在抖音上讲的主题是《人穷的时候怎么翻身》。我采访那些各行各业白手起家的人，他们之前都穷困潦倒，都有深深的脆弱。通过自媒体，我要把穷人翻身的秘密奉献给每一个想改变的人。有人问我，你为什么要讲这个话题，我想说这就是我的使命。我出生在贫穷家庭，让我一路体验人间冷暖，让我通过学习，和全"命"以赴的干劲儿，不断逆袭，我愿意把我的体验，分享给更多的人，从而帮助更多人。

这本书里，可以看到我从小到大的经历，我经历过很多艰难，也见证过很多艰难，我很多年拼命地想改变自己，却总是找不到抓手。

很多很多年，都盼着我生命里可以出现一个人，给我指引人生方向。让我在每一次选择或者想要放弃的时候，坚定地告诉我坚持下去，告诉我"明坤，你真的很棒"。

所以，我要把这本书写给你。我希望，你拿着这本书，就好像我在你身边一样，你翻开它，我就在你耳边说："亲爱的，你可以的，相信你自己。"如果在读这本书时，你能够找到自己的影子，可以令你思考到自己人生的过往，可以启发你走出迷茫，找到全新的自己，那我就没有白白笨拙这么些年。

目录

下篇：逆风翻盘

上篇 ｜ 自我觉醒

第一章 我的不满

我为什么常常不快乐?
——失落了真实的自己

我曾经看过一部名为《态度娃娃》的短片,里面讲述了一个非常爱笑的女孩的故事。

片中女主无论遇见什么情况都报以微笑,她相信"只要是乐观的笑,什么问题都能够解决"。

结果有一天,她发现自己的脸变成了一副只会笑的面具。但是身边的人全然不知,觉得一直在笑就是她的标志。

女孩很迷茫,她已经忘了自己不笑的时候是什么样子。她很想哭,却哭不出来,她内心悲伤,脸上的表情却依然是笑。

她望着镜子中的自己,渴望找回面具下真实的自己。

她问自己:我从小到大,一直听到别人夸赞的声音。我是个好人,可我真的开心吗?

尴尬的是,我努力做事,却越来越多人离我远去,他们觉得我假,跟他们交往不走心,我付出了很多努力,我很想他们能改变对我的看法,结果却让大家的误解越来越深。我的付出没有回报,想要挣脱这张面具,却发现面具下的自己是什么样子,早就已经忘了。

在她身上,你看到了自己吗?

为了生活,你常常妥协,可是没有换来他人的认可,有些人对你的期望值越来越高,你心里最在乎的人,都离你远远的,甚至你最爱的人，离你远去，不知道从什么时候开始，你忘了真正的自己是什么样子，长成了《千与千寻》里的"无脸人"。

那些伪装的快乐，就如面具一般挂在你的脸上。

而你，到底从什么时候开始丢失了真实的自己，真实的快乐？

你为什么不快乐？

说起快乐，很多人认为，只有物质条件优越的人才能获得。现实真的如此吗？斯坦福毕业的金融精英们，level甩掉路人几条街，稳定年薪数千万，可就是这么一群人，经常说自己：中年之后特别容易抑郁。

这个世界上，努力的人很多。努力后可能变得越来越有钱，越来越优秀，但是，也有很多人有钱、努力却不快乐。2018年，美国心理学机构做过一个调查，他们通过打电话的形式调查1万个人近3个月的情绪情况，发现高达90%的人不快乐。而只有少数快乐的人，是因为他们完成了自己制定的目标，并且全力以赴，百分之百地投入。

相反大部分的人，在这个高速发展的时代，他们的注意力都被网络上庞大的信息、手头的琐事以及各种声音夺走了。

他们会为了未来不可预知的风险而焦虑不安，也会为了过去某个错误的决定或选择而懊恼烦躁，唯独忘了当下。

他们无法活在当下，无法用最真实的、最有力量的全部的自己去追求目标。他们向前的路上，内在有太多的阻碍和纠结未被解决。

原本的你自己，是什么样子的呢？

我们，真的能做出改变吗？

答案是肯定的，一个人是可以改变的。

你，完全可以通过改变，获得自己想要的生活！

如何改变自己?

一个人的改变是不可避免的,每时每刻都在发生。比如,你每天都在掉头发,你的头发多少都不一样;你不得不承认,随着年龄变大,人正常的身体机能,在慢慢退化……

这些改变,叫被动改变。所有你说了不算、不可控的改变,都叫被动改变。而我在本书里讲的所有的改变,都是你的主动选择,是你百分百想要的,完全可控的。

想要改变的第一要素:痛苦。

你人生经历过痛苦吗?还记得那之后发生了什么吗?改变自己,首先有个非常重要的前提,就是你的内心很痛苦,这个痛苦让你难以继续当下的状态。那种感觉,就好像有1万条虫子在吞噬你的内心,撕扯你的心脏。你感觉,如果再不做出改变,你会无法继续活下去。

痛苦,是我们骨子里被压抑的渴望。

一条浑身长满毛茸小刺的虫子,感到十分痛苦。因为它既烦恼,又厌恶自己(就像一个人觉得自己浑身都是缺点,都是问题,看不到自己的优点一样,他内心非常渴望改变自己)。

毛毛虫经常想要变成其他虫子——哪怕是条菜青虫,至少就没有毛刺了(这就相当于一个人产生了改变自己的想法,对自己目前的状态非常不满意,甚至是厌恶,讨厌自己。因此他认为:哪怕比现在的自己进步一点点就可以)。

我们所有人,就像故事中的这条毛毛虫,生活中的苦难与创伤,让我们长出了一身的刺,让我们痛苦、迷茫甚至不知所措。

但是,每一条决定改变的毛毛虫,最后都会破茧成蝶。

但是,光有痛苦还不够,你还得想象一个美好的未来。

所以第二要素就是憧憬。

当你对未来有期许、有憧憬了,你的双眼无论是睁着,还是闭着,都能看见那一幅幅美好的画面,都能听到那一句句召唤,都能感受到此刻你的身体,已经充满了力量。你的身体跟你说:"报告,长官,一切准备就绪，行动吧！"

第三个要素就是按照计划，行动！

无论你有多么痛苦，无论你眼前出现多少次美好的画面，如果你不采取行动，不能够进行有效的行动，你都无法完成真正的改变。

为什么那么多人不能成功？因为太多人摔在了最后行动的门槛上。我自己创业多年，也给很多创业者讲过课。这些年，我见了太多人夸夸其谈，给投资人描绘美好蓝图，描绘个人使命，谈了一箩筐，最后还是失败了。我也见了太多的企业家，经历巨大的痛苦，甚至抑郁，想死，但只要谈到行动，就会有很多东西阻碍着他，让他不能彻底完成每一步的行动。

三个要素都具备了，那么，你就完成了人生的第一步改变。

2012年，电视相亲节目《非诚勿扰》上有一位女嘉宾叫雷庆瑶，她3岁时被电击失去双臂，然而，她克服困难学会用双脚穿衣、做饭、吃饭、写字、缝衣、骑自行车、游泳、绘画等，甚至写书、演电影等，成就非常高。

这个故事就是非常典型的，因为改变而获得幸福的案例。从健全人变成残疾人，她身处无尽的痛苦之中，而现实逼迫她不得不接受事实，做出改变，来适应一个残疾人的生活。那残疾人可以做什么呢？她和家人有了很多的设想和计划，最后付诸行动，同样收获了幸福。当我看着雷庆瑶，我能感受到她蓬勃的生命力，我爱这些改变的生命！

如果你对生活不满，那我要恭喜你，你走在了改变的道路上！

很多人一生都活在无知无觉中，受困于大脑和身体冲动，内心没有那么多的快乐与痛苦。

但是很多人即使努力改变了自己的人生，改变了身处的生活环境，依然无法获得快乐。

为什么呢？这就涉及我们获取快乐的源头——三层关系。

我们终其一生，都逃不脱这样三层关系：人与物的关系、人与人的关系、人与自己的关系。

正是这三层关系决定了我们能否快乐，快乐的程度，以及快乐的长久。

决定快乐的三层关系

第一层关系：人与物的关系

现在大家都很关注赚钱、房子、车子、名牌这些东西，把焦点都放在身外之物上。人们与物质之间，总是有着逃不脱的各种关系。人们的生活离不开物，物也为人们提供了生活和生产必需的资源和条件。但是我们通常会忽略掉，"物"也会在人们的使用下发生"异化"，本来是人支配着物，但到最后，物却反过来支配了人；本来是人支配着金钱，到后来，金钱却支配了人。

这一点我深有感触。刚毕业那年，我从东北到北京，费尽周折找到了一份销售的工作，月薪3000元，除掉房租和生活费，甚至坐不起公交车了。当时我在公司是年龄最小的一个，其他工作时间长的老销售们，业绩都很好，而我，一进去就成了垫底的那个。

为了能让自己谈业务时更"体面"，我把一个月的工资全部拿出来，买了一套西服、一双皮鞋，然后每天拿着公文包、骑着自行车，套着西服裙装，去拜访客户。

那一年，我几乎走遍了北京的所有工地。

你可能无法想象到，我经常骑着自行车，然后被人吹口哨的尴尬的样子。有时候下着大雨，我全身湿透了，在风雨中骑着自行车，脸上分不清泪水还是雨水，内心痛苦无比。

即使这样，我依旧没有什么成果。我每天跑遍各大工地，好不容易到了客户那里，可基建处的人就说一句："把资料放这儿，你就走吧。"我准备的好几种开场白连同一堆紧张，都没派上用场。

就这样过去大半年了，我没有任何一单业务。那时候我的心理压力极大，害怕见老板，害怕他辞退我。可越是这样，越有一种"做贼心虚"的感觉，就更不敢见他，甚至让老板误以为我一天到晚不见人，跷班了。

那个时候，我每天脑子里想的就是开单、开单，赚钱、赚钱。

在这种极大的压力下，我对自己失去信心，上班这件事让我感到尴尬，每天都过得非常不开心。当时住宿条件也很差，只有5平方米，相当于一个洗手间那么大。有一次，我当时的男朋友，也是现在的老公，得了急性阑尾炎。我看到他躺在医院的病床上来回翻滚，头上的汗珠大滴大滴地往下流，大声叫喊着疼。

可我，只能站在那里哭，因为我拿不出一分钱交手术费。

这个时候，我们的全部快乐，都被物质掌控着。

我相信这也是很多人的心路历程：因为曾经被"物"为难过，我们心有余悸，为了避免没有物质的不快乐，于是用尽全力去追求物质，最后反而忘了，我们的初衷是为了快乐。

看看现实世界，有多少人迷失了自己呢？

有些年轻人无视自己的财务状况，过度提前透支信用卡以换取想要的包包、奢侈品；各种各样的职场"精致穷"……

我深知，人们总是无法逃离人与物的关系这个命题，但是，我想提醒亲爱的朋友，健康的关系，应当是人能够利用物来为自己的工作和生活创造价值，而不是被外物所拖拽，成为"物"的奴隶。

第二层关系：人与人的关系

随着年龄的增长，我们获取的物质越来越多，当我们不再为了生存忧愁时，必然就要开始关注人与人之间的关系。

人与人的关系，可以分为两大类，一类是由分享基因组成的亲缘关系，比如跟父母子女的关系。还有一类是在社会里后天发展的关系，有纯社会学的关系，比如同事朋友，还有生物学意义上的关系，像夫妻关系。

人与人的关系，其实本质上就是各种角色扮演的关系，比如为人妻子、为人母亲、为人子女、为人上司、为人同事等，我们无法逃离任何一个角色，也无法逃离对于人与人之间关系的处理。

也是在这个阶段，我们开始把自己的注意力从外界的关注，转移到对方感受上去，只有这样，才能更好地理解对方，包容对方。

只有建立在这个基础之上的人际关系，才会变得和谐，于是我们也能从自己的社会角色上获得快乐。

第三层关系：人与自己的关系

你会发现，人到了最后，不管上述两层关系如何变化，到最终还是发现自我、找回自我的一个历程。就像那句千年经典的回答一样——"认知你自己"，这才是我们每一个人终其一生都要去回答、去面对、去寻求答案的一个问题。

很多人都不曾注意到认识自我和发现自我的重要性，也许他们很懂得在人际关系中如何如鱼得水，却也不知道应该如何去处理人与自我的关系。

在《纽约客》杂志上曾刊登过一篇文章，文章中提到：自我，追求自我的实现与提高是人的一种本能。这种自我的本能，督促着我们必须理解和处理与自我之间的关系。人的自我，其实是关系中的自我。也就是说，每一个人依然是在各种关系中去寻找那个真实存在的自我。

但无论是个体的自我还是关系中的自我，这都将是我们一生需要面对的课题。

而这个课题，正是我这本书想跟大家分享的：认知自我，发现自我，并从中获得力量。

你曾真正满意过吗？

几年前的课堂上，有一位学员对我哭诉。她说："我把孩子照顾得无微不至，每天接送、辅导作业、家务事全部包揽、给她报兴趣班、带她国内国外旅游，不管加班工作多累多辛苦，我都会先把孩子照顾好。可是，孩子从来都没有感激过我！孩子觉得这一切理所当然，还经常和我顶嘴吵架，甚至用特别恶劣的语言攻击我、挑剔我。"

这位妈妈觉得自己很受伤，心都要碎了！

她问我："老师你能不能开一堂教人感恩的课？我真的特别需要我的孩子能看到我的付出，感谢我的付出。这样，即使再难我也能坚持下去了。"

说到这里，这位妈妈泣不成声。课堂上很多的妈妈也感同身受，忍不住跟着流泪。她们大多都有这样的烦恼，感觉自己为孩子连心都快掏出来了，但孩子却觉得父母的付出都是理所当然的，没有半点感激，甚至对父母的态度还很恶劣。也许我们会自我安慰："孩子还小，大一点就会明白家长的辛苦了，就知道感恩了！"

可真的是这样吗？

这时候，另一位学员站起来，对这位妈妈说："我想问问您，您自己对别人满意过吗？"

课堂在那一瞬间，安静了。

学员继续说："你从进入这堂课开始，对周边一切就是抱着批判和怀疑的态度，当有别的学员发言时，你会控制不住地指手画脚——'你这样是不对的'，你想想你对身边一切事物不满的样子，是不是正像你的孩子对你的挑剔？"

这位妈妈愣住了，她回想起过往的一切，正如这位学员所说的这样：孩子所呈现的生命状态，就是自己的缩影。

不光是这位妈妈，身边很多的父母说起自己的孩子，几乎都是一肚子委屈，个个苦大仇深似的。孩子的行为的确不妥，但是，说句扎心的话，这些不满、抱怨、冷漠、凉薄是怎么来的呢，也许正是父母一天一天培养出来的。

比如有些父母，会当着孩子的面议论亲朋好友或者同事之间的事情，会挑别人的缺点和毛病，但是他们的这种抱怨会带着很强烈的个人色彩，也就是说常站在自己的立场上指责别人，对别人的抱怨有失公正，甚至有些偏激。

而孩子的理解能力有限，会不由自主地受到影响，这样不利于孩子是非观念的建立，时间久了，孩子也会养成遇事爱抱怨、挑剔的习惯。

永远不满的父母，才是孩子的噩梦

这样的父母，常常还会把责任归咎于别人，对孩子更是如此。

比如自己平时没有关心孩子的学习，却抱怨孩子的学习不好。他们要么就怪教育制度不行，要么就怪老师不行，甚至还指责其他的孩子，说是他们把自己的孩子带坏了。

他们常常会跟孩子说："假如让我再选一次，我宁愿不结婚，不生孩子就好了，简直让我烦死了。"

"你知道我为什么经常会发脾气吗？就是因为你不听话，你为什么就不能乖一点啊！"

"如果不是因为生了你，我早就跟你爸离婚了，我一个人可以过得更好！"

这样的话，对孩子内心的影响，简直如同一场台风。

特别是敏感的孩子，他们会觉得，是自己的原因，所以父母过得不幸福，自己就是个祸根，是不可原谅的。

这样的孩子将来心理很容易出现问题。他们会把什么责任都往自己身上揽，好像自己就是最大的麻烦。到头来，所有的恶果，又反噬到了父母身上。

所以才会有那么多的孩子在网上控诉"父母皆祸害"。曾经的高考理科状元，本科北大毕业后留美的研究生王猛，是个极其标准的学霸，然而他已经12年没有回家过春节了。6年前，他拉黑了父母所有的联系方式，甚至写下万言书控诉自己的父母。

所有看过这起事件的，会泾渭分明地分成两派：

一派是以父母辈为主导，他们普遍会认为孩子太没良心，丝毫不懂得父母的苦心，最后还恩将仇报，白眼狼的典型；

另一派是以年轻人为主导，他们在成长过程中，感同身受，因此对王猛表示十分理解，可以说王猛做出了他们想做而不敢做的事儿。

自己的思想愈卑劣，就愈要挑剔别人的错

其实很多人不愿意承认这样的真相：把自己置于受害者的位置会带来快感，受苦最终成了当事人唯一的存在理由，他因此乐此不疲。只要把错推到孩子身上，我们就能原谅自己在工作和人际关系上的无能。

恰恰是这样的惯性思维模式，让我们对身边的一切都带着不满和挑剔。而这正折射出我们对自己的不满意。

挑剔和不满在人际关系中是一种破坏性的力量，很容易激起对方的愤怒和反抗情绪，因而爱挑剔的人往往会遭到别人的嫌弃和排斥。

我有一个学员，人很开朗大方，但是唯独有一点不好，她总喜欢挑剔别人的不好。今天朋友A做了个新发型，大家都夸很好看，很符合A的气质，唯独到了她那儿，挑剔的话语就出来了，你这发型太老气，我妈妈那个年代流行的，不好看，不适合你，一席话说得A心情坏了起

来。明天同事B买了件连衣裙，其他人都说穿着显瘦，也显腿长，到了她那儿，她毫不客气地说，B个子矮，穿这样的连衣裙再配上高跟鞋，显得很滑稽很可笑，把B说得收起了连衣裙，再也没有穿出去过。

开始大家都以为她是心直口快，后来大家认为她心理有问题，看谁都有毛病，看什么都不顺眼。慢慢地大家都开始疏远她，聚会吃饭也不再叫她，甚至有朋友屏蔽了她的朋友圈，而她却不自知。而真实的原因是，她内心其实是一个非常自卑的人。她自己也是在一个处处被指责、挑剔的原生家庭中长大的。这些年，我见到太多人，自己带着指责抱怨的状态，却不自知，甚至不承认。

不满折射出了你的自卑

一个事事不满、挑剔别人的人，反而说明他内心底气不足，看着别人闪光的一面，而自己却没有，他就会自卑。为了掩饰自卑，这种人就会对别人挑刺，以期让自己心理平衡。这是一种非常不好的恶性循环。

而与之相反的是知足常乐。一个人对生活的态度如何，取决于内心的欲望有没有上限。假使我们想要追求的事物有限，就不用活在缺憾的情绪阴影中，而应为了已经拥有的一切感到喜悦。

心因知足而满足，人因满足而富足。我们所拥有的快乐，都是从停止挑剔不满开始的，拥有一颗善良包容的心，这样才能为孩子树立一个好的榜样。

曾看到过一个非常感人的小故事：

一个黑人出租车司机载了一对白人母子。

孩子问妈妈："为什么司机伯伯的皮肤和我们不一样？"

母亲微笑着回答说："上帝为了让世界缤纷，创造了不同颜色的人。"

到了目的地，黑人司机坚决不收钱。

他说："小时候，我也曾问过母亲同样的问题，但是母亲说我们是黑人，注定低人一等。如果她换成你的回答，今天我可能是另外的一个我……"

我们说的话都在播撒着不同的种子。

你善意地对待这个世界，遵守这个社会的规则，对一切带着富足之心，那你也会教会孩子善待这个世界，遵守规则，拥有一颗富足之心。

找回安全感

这几年时间，"大城市女性买房猛增"的话题一直窜上热搜。有个住房平台发布的《2019年女性安居报告》显示：

2018年中国大城市女性购买住房比率达到了47.9%，30岁以上单身女性中，47.1%的人已经购买了住房。这就意味着：在一些大城市，女性的买房率已经逐渐和男性接近，且单身女性年龄越大，买房的意识越强。

为什么越来越多的女性开始自己买房？有人说，她们买的不是房子，而是安全感。一提到"安全感"这个词，仿佛大家都有一肚子的话要说。"月薪多少才有安全感？异地恋怎样才能有安全感？过了30岁什么能够提升安全感……"

在这个物质生活越来越丰富的社会，我们内心的焦虑和不安反而越来越深了。是不是安全感就必然跟物质的拥有成正比关系呢？和他人给予的爱有关吗？

其实不然，一个人真正的安全感，从刚来到这个世界上就已经开始建立，年龄越小，安全感的状态越重要，对人一生的影响也越大。

而孩子的安全感最重要的来源就是父母，父母对待他的态度以及父母自身的安全感状态会对孩子产生重要影响。

如果父母抛弃了孩子，孩子的一生很难再建立起安全感；假如一个孩子小的时候，与父母建立了亲密感，孩子会一生幸福，假如与父母的第一个亲密关系没有建立起来，之后他们会很难再进行真正的亲密关系，潜意识里会害怕太亲密被抛弃，不如主动离开。

而这些，是我们后天拥有多少财富，被多少人爱慕追求，都无法弥补的。

伤害我们最深的人，也是我们最亲的人

有位学员在课堂上分享她的故事。

小时候父母吵架离家出走，把她一个人锁在家里。年幼的她爬到窗口，听着窗外呼呼的风声，孤独无助。她对着月亮边喊边哭，声嘶力竭没有人听到，她说，那时多么希望有个神来把她带走。那年她才四岁。九岁那年，她父母离婚，妈妈走了，爸爸也不管她。今年她三十五岁，重新走了父母的老路，和老公关系不好，决然抛弃了两个孩子。

谈论起过去的往事，她从头到尾都是面无表情，就像在说别人的事。她说，她从来没有过安全感。童年的影响会贯穿一个人的一生，在畸形的亲子关系中，伤害又继续在代际间传递。而她，不自觉地把父母带给她的伤害，传到了自己孩子身上。

当这些女性朋友跟我分享她们的故事时，我对每一个人都能感同身受，因为我也是从抛弃中走过来的。不仅如此，我还从这种毁灭中站起来，重新塑造了自己的安全感。

在这本书中，我也想通过自己的故事让大家看到：嗨，别怕，你是有力量帮助到童年时那个无助痛苦的自己的。你，已经长大了。

我为什么这么笃定呢？因为不仅是我，我的弟弟妹妹，都曾遭受过家庭的抛弃。而我们通过后天的治愈，现在都拥有非常健康有爱的心理。

高中毕业那年，我十八岁，我拿着家里东拼西凑的600块钱，来到北京。有一天，我接到母亲的电话，她哭着对我说："我和你爸真的分开了，我没家了，我回不去了。你千万别回来，你要是回来，就没钱回北京了。"

那一刻，我心碎了。我瞬间想到了我的弟弟妹妹，他们怎么办？那年，我弟弟刚刚九岁，他还是最依赖父母的年龄。而我的妹妹，从小就因为超生被送到别人家抚养。在最弱小无助的孩童年纪，我们都被自己的父母抛弃了。

但是非常庆幸的是，我的妹妹在收养她的父母那里得到了爱的滋养，现在从她眼里能看到满满的幸福感，包括我的弟弟，也是一个特别有爱的人。我是家里的老大，自小从我母亲身上得到过许多厚重的爱，在家庭分崩离析的那一刻，我决定撑起这片爱的天地，将我曾经获得过的力量，一点点传递到我的弟弟妹妹身上，而他们也在后天的爱和自我调整中，得到了治愈。

每当回想起这些往事，我仍然会忍不住掉眼泪。我为当时年幼无助的自己掉泪，也为现在坚强独立的自己掉泪。我真的太清晰，这一段破碎的原生家庭之路对我的重大价值和意义。妈妈每次说起和爸爸分开，都还自责，有一次，我握着她的手说："妈，你和我爸分开，我没有一次责怪过你，作为女人，我反而支持你的选择。但是，情绪上，我又总是期待团圆，期待你们即使分开，也能和睦。这些期待不能实现，我会难过。但我知道，妈，这不怪你，这是我自己要成长的。"

重塑安全感

从被父母抛弃，到主动选择自己的人生，我们是可以做到的。

我们要相信，只有正视自己的伤痕，接纳自己的缺陷，并且寻求改变，那些伤痕，总会一点点得到抚平。

原生家庭是谁也改变不了的宿命。我们已承受了它积年累月的蹂躏，而想要获得救赎，我们只能靠自我疗愈。这必然是一个漫长的过程。

而这个疗愈过程，就是将自己从旋涡中拉出来，明白那只是父母的错误，他们也有很多被动跟无能为力，并不是孩子的过错。接着，反复告诉自己，当年的自己无法选择，如今，自己已有了力量。

你可以审视自己童年的痛苦，思考父母为什么要这样？经历这些，孩子的内心会面临怎样的摧残？这些答案，都将成为一个人的成长指南。它会告诉一个有自省能力的大人，该往哪里走，该怎么斩断轮回，创造爱与自由的关系。最后，你可以宽恕父母，但一定要提醒自己，不能成为另一个母亲，或另一个父亲。

在暴力中长大的孩子，成年后会自然而然地使用暴力。而你，一定要让轮回终止于自身。

在通往救赎的路上，你会重拾爱的能力，与过去受伤的自己和解，然后在另一个家庭中，给予他人，以及比你更弱小的人温柔与爱。

也许，被父母伤害的唯一好处，就是——告诉自己，不要成为像他们一样的人。

抱抱自己，那个无助的、被抛弃的孩子，你已经长大，可以给自己足够的安全感了。

要赚多少钱，你才会不再焦虑

我问过许多人，你最怕的是什么？很多人回答说：怕没钱或钱不够。

在一次给企业的培训中，一位30岁左右的女性朋友说："我最大的压力和焦虑就是怕没钱，或钱不够。"

我问："有多少钱就算够了？"

她愣了一下，好像从未认真地思考过自己到底需要多少钱，然后说还真没仔细想过。不光是她，很多人对钱的焦虑，都是习惯性的。

曾几何时，国人对人生成功的标准还是多维度的，至少要包含三个维度：事业、家庭、健康。可现在连事业都可以不要，只要钱。大家巴不得以最快的速度、最短的时间搞到钱，认为这就是本事，就是成功。

每一个人的生活似乎都离不开钱，所以金钱自然而然也就成为所有人努力去奋斗的目标。有些人认为只有丰裕的物质生活才是人生幸福安乐的基础，只有物质享乐才是人生的价值所在。正因为这种观念在现代社会中的大肆传播、鼓吹，使得它在人们的意识里变得根深蒂固。

但它就是合理的吗？

为什么对金钱产生焦虑？

事实上，我们对金钱的焦虑，很大程度上来自童年时父母对金钱的态度。

我为什么这么说，因为在我小时候的记忆中，我的父母经常是吵架的，我很少看到他们俩彼此互动的笑。只有每年卖了大豆，看着他们数钱时洋溢在脸上的那种笑，让我觉得十分幸福。

这让我形成了对金钱的第一个感受：钱就是幸福。

但其实我们家在当时来说，并不是很穷。可是父母的态度让我觉得："赚钱很难，所有的不幸福，都是因为钱不够造成的。"于是很小的时候，为了给父母省钱，我都舍不得开灯写作业，都是就着自然光、月光写作业。哪怕现在成年了，我都受不了家里的灯开着浪费，或者水龙头没关紧。可以说，这种"赚钱很难"的思想已经深深地印在了我的骨子里，让我害怕"没钱的生活"。为此，每次上课我都会请其他导师，为我做有关金钱的负面观念的清理。为了转换这些破坏性的信念，我自己经常做自我对话，去面对可能不小心就跳出来的恐惧和一系列的惯性行为。

因为，"没钱就没有幸福"。而我，很希望能够让我的父母幸福，于是这么多年来，我很努力地工作、赚钱、付出，就是为了让他们脸上时时拥有这种笑容。

但是随着我年龄的增长，我反过头来回看这些事情，很明显，赚钱的状态让我非常的拼搏，充满激情，带来很多迷人的自信，同时，我也知道，有时过分认真，过分用力，急性子，也是自己的恐惧带来的。也许我们的很多烦恼是没有钱带来的，但是真正的烦恼，是从小害怕没钱的恐惧。有一次在一个课堂上，老师收起了我们所有学生的钱，要求我们走出教室去寻找幸福。我们被分成4个组，每组5个人。所有人钱被拿走的一刻，都非常恐慌，就好像我们平时害怕没钱是一样的状态。然而4个小时过后，等我们再次回到教室，所有人脸上都充满了自信、激情和喜悦。大家争抢话筒，要去分享。

这4个小时，4个组所有人都没花一分钱，吃了一顿大餐，有来回的好车接送，还帮助了一些人，收获了一些反馈的礼物……所有这些都是每个人用自己这个人拿到的。教室里没有一个人不说，幸福与钱无关。

常年为企业家做教练，我帮助很多人，无论是身价上亿的企业家，还是工薪阶层伙伴，看见自己与金钱的关系，找到自己常常焦虑的根源，让他们从"如何获得更多物质"的初级阶段走到下两个阶段。

因为，从本质上来说，这些人没有解决"人与自己的关系"这一阶段的问题。当我们无法认清自我，无法填充内心的虚无时，我们在"人与人的关系"上也会陷入一种糟糕的状态，而这些最终也会反馈到"人与物的关系"上，也就是，我们很难获得幸福的根结。

你忧虑的本质，是你没法改变自己

其实所有的焦虑和痛苦，是因为我们没有解决好"人与自己的关系"这个问题，而不是因为我们没有钱。

有人说，家暴多半是因为没钱造成的，那些愿意忍受家暴的女人，也是因为经济不独立。但实际上，这些跟钱都没有直接关系，曾经闹得满城风雨的章某云案件，就是典型的例子。

章某云出生在一个很传统的家庭，即使遭受家暴也不敢告诉父母，不敢跟男方离婚。最后实在无法忍受这种生活，她还是离婚了。但是在离婚后她仍和前夫住在一起。"孩子是我的软肋。"章某云说："如果我带着孩子去外面租房子住，以他的性格，我们也过得不安宁。"

这种离婚后压抑的同居生活一直持续到2016年6月，章某云给孩子留下2000元生活费，独自前往北京、上海等地寻找工作。

从那以后，前夫不断给她打电话，让她再给自己一次机会，承诺不会再打她了，还利用孩子威胁她，让大女儿胸前悬挂一张牌子，跪在闹市。

这几张照片被前夫发在女儿的朋友圈和六年级的同学群里，章某云在网上看到女儿的照片，心痛不已，她拨通了前夫的电话……

而这一次会面，成了她终身难忘的噩梦。前夫上前抱住章某云，咬掉了她的鼻子。当时两家十几个亲戚就在现场，三个孩子目睹了妈妈被爸爸咬掉鼻子的全过程。尽管后来章某云通过公益人士，完成了鼻子再造手术，但她和她的孩子，该需要多长的时间走出阴影？

你能说这样的悲剧是因为没钱造成的吗？

不能。

章某云最大的不幸，是没办法改变自己身处的环境。而与之相反的一个案例，则是反抗家暴和性侵，不断变化环境取得成功的Christina。

Christina出生在纽约这座繁华的城市，但她的家庭其实生活在底层。Christina家里共有8个孩子，她是最不受重视的那个。

她的童年，是在亲生母亲的虐待、凌辱和舅舅的性侵中度过的。

从五六岁开始，Christina就被逼着做繁重的家务。像被奴役的灰姑娘一样，她要洗完全家人的衣服，准备好早餐，打扫完房间，才能去上学。但她从未放弃过希望，拼了命地用知识武装自己，告诫自己不能放弃希望，变得堕落迷茫。

从圣约翰斯的寄养中心，到美国陆军预备役训练团（ROTC），到加州选美大赛的选美皇后，最后出版自己的书籍。Christina从一个受尽折磨的小女孩走到现在，这一切不是被施舍的，也不是求来的，而是她通过努力，改写了命运的剧本换来的。

这个过程中，她靠一次次的转变环境，扭转了自己的命运。

改变自己，才是解决"没钱焦虑"的根本

我们回到原来的话题，到底是没钱让你焦虑，还是你焦虑没有安身立命之本？

在书的最前面，我提到人们获得快乐的三层关系：人与物、人与人、人与自己。其实这三层关系当中，排在首位的就是人与自己的

关系。

如果没有解决人和自己的问题，又怎么可能去解决前面两个问题？人和自己的问题才是最重要、最关键的环节，这个问题不解决，我们永远都没办法去解决人与物的关系，那么最终，你就会陷入"没钱的焦虑中"。

对钱的焦虑，其实就是"人与物的关系"这个问题没解决，很多人一辈子都活在这个阶段。我有个姥姥，百岁生日的时候，大家都给她包红包，为什么呢？因为她就喜欢钱，给她钱就满足了，即使她活到这个岁数了，她也没想明白幸福的本质，一辈子也没跳出这个物的阶段，认为幸福就是守着一堆物质。这才是我们真正可悲之处。

逻辑理解的六个层次

怎么才能跳出这个思维怪圈，更好地理解这个问题呢？我给大家推荐逻辑理解的六个层次，也就是NLP（神经语言程序学）。这个在后半部分我也会给大家详细的讲解。

总的来说，对一件事情的理解，我们可以分成六个不同的层次，而这个层次是有高低之分的。如果你用低维度的视角去看这个问题的时候，感觉它无法解决。但当你站在更高的一个维度去看它，也许就变成了一个很简单的问题，甚至连问题本身也消失了。就像马车的时代，大家为了加快速度都在寻找更快的马，但当汽车被发明出来后，这个问题就不存在了。

逻辑层次从下到上呈金字塔状，依次是：环境—行为—能力—价值观—身份—愿景。与此一一对应的思考方向是：

环境：我在什么环境？

行为：我想采取什么行动？

能力：我有什么样的能力？

价值观：为什么重要？

身份：我是谁？（使命感）

愿景：未来是怎样的？

其中，金字塔的下三层——环境、行为、能力是外在层面的，而上三层——价值观、身份、愿景是内在层面的。

构建这样的思考模型，可以让我们在提问他人或自我提问时，由外而内，由浅入深，一步步升华，把格局打开到最大，再由内而外，由思想层面到行动层面，把问题解剖后落实到行动上去解决。

这样的提问顺序可以让我们更加清晰问题的外在因素和内在缘由，从而更好地帮助自己或他人解决问题。

正确认识到问题的深层原因所在，是我们后面合理使用工具，做出改变的关键。你，可以的！

他是给你带来幸福的人吗

　　说到这个，我想先跟大家说一说，什么是爱情的幸福。

　　这段时间因为疫情的关系，我们家的阿姨没办法过来工作，于是几十年不曾下厨的我，跟先生一起做饭了。

　　清晨的阳光透过窗户洒进来，我们俩穿梭在干净明朗的灶台间，互相分工，唠几句家常。厨房里有食物的香味飘散出来，偶尔六岁的女儿跑进来看看，跟我们唠唠嗑。那一瞬，有一种久违的幸福感包围着自己。我看看身边这个同我一起做饭的男人，感受到了一种平淡而温暖的爱意。

　　换作二十年前的我，可能永远也想象不到我会被柴米油盐间的这种幸福所打动。

　　但其实，这恰恰回归到了幸福的本质，一种生活的真谛。

　　我和我的先生相识于1997年，彼此一见钟情，到现在组建家庭生孩子，已经过去二十多年了。对我们80年代出生的人来说，这是非常难得的。

　　我们在懵懂无知的少年时期相识相爱，经过重重考验，走到现在，依旧牢牢握着彼此的手，不离不弃。

　　但其实，这中间并不是一帆风顺的。

　　我是一个梦想家，甚至在中学时期，为了先生"老婆孩子热炕头"的人生梦想而打了一架，觉得他太没追求了。这种分歧在学生时代的影响并不大，然而当我们迈入社会，参加工作，面临形形色色的考验时，它就显示出巨大的破坏力来。

那时候我更热衷于投入自己喜爱的事业中，给家的时间很少，我所获得的成就感和价值感，也很少来源于物质。但是丈夫不同，他的工作，经常接触的都是一群彰显生活品质的人士，他们对奢侈品的掌控能力和品位，也无形中影响到了他。

丈夫赚钱后，会送给我各种名牌包包等奢侈品，但并不能让我产生如他预期的那种快乐，我甚至没有回馈给他任何的喜悦，这让他很有挫败感。

而我呢，从一开始，就选择了另一条路。我把自己大部分的时间投入到学习中。比如学习声乐、演唱、钢琴，后来又学播音、商业管理、心理学、投身社群支持事业中，关注失学女童和弱势群体等等。这些年，我的内在成长更多，而丈夫在物质上的成长更多。我们从最初的小分歧，到后来成长为完全两个不同的轨迹，变得越来越不一样。

那为什么还能在一起呢？

因为彼此是相爱的。

我们最初欣赏对方的一些价值观，比如他的善良、孝顺、正直，从未改变过。我记得有一次家里的小狗误食了老鼠药，他不顾被小狗咬伤的手指，都坚持带它去打针，甚至忘了自己的伤。这样一个善良的人，我怎么可能会因为我们彼此的侧重点不一样而选择放弃呢？因为，本质上我们都是一样善良感性的人。

夫妻离婚往往说三观不合，其实你无法找到世界上完全两个相同的人。人们走在一起，往往是因为三观合；人们分开，往往是因为彼此没有共同成长。

这个世上，很多人排在首位的东西都不一样，有的是物质，有的是爱情，有的是事业，但是，我们并不能因为每个人的价值排序不一样，而放弃最初的所爱。这才是影响我们幸福最重要的原因。

很多人可能一开始就没想明白，自己到底想要创造一种怎样的幸福？

你可能欺骗了自己

关于爱情，钱钟书曾经写给杨绛一段很美的文字，他说："没遇到你之前，我没想过结婚，遇见你，结婚这事我没想过和别人。"

遇见对的人，大概就是这种感觉吧。只想和你在一起，只想和你结婚，其他人我都不要，就这样赖着你一辈子。

但是所有的爱情火焰终会归于平静，我们最后都将在柴米油盐中共度一生。失去热恋滤镜的彼此，都不完美，矛盾冲突也会越来越多。

我曾经遇到一对婚姻关系治疗的来访者，在第一次走进我咨询室的时候，妻子先开口，一上来就是各种数落和指责。妻子情绪很激动，而且越说越激动。

听妻子说了半天，丈夫说了一句话：我不明白，我们是仇人吗？我们是两口子，怎么变成仇人的？

是啊，婚姻里的夫妻双方，怎么就变成仇人了呢？难道当初选的，不就是那个对的人吗？错了，我们没有办法遇到对的人，我们只能把自己变成对的人。

相爱本身就是一种奇迹，没有谁是谁的唯一。如果你还认为谁一定是谁的唯一，那么，你就是对世界偶然性抱有深深的误解。

因为，从理论上来说，我们遇不到那个最对的人。

所有的真爱，其实是无条件的爱

什么是"无条件的爱"？

顾名思义，就是我对你的爱，是出于爱的本身和本源，不附加任何条件。

我爱你这个人的所有：包括所有优点和所有缺点。

但是很多人都做不到这一点。为什么呢？因为他一开始就是欺骗自己的。这种"爱情"，不过是一种病：一种疯狂的投射。在相爱初期，我们将对方惊为天人。我们觉得，我们遇到真爱了。

也许对方身上本来有一些特质，吸引了我们。于是，我们索性把自己理想化的完美爱人形象，不管不顾地投射到对方身上。

这个过程中，我们其实并没有真的看到，对方实际上是一个什么样的人。我们宁可相信，他就是我们理想中的那个"完美爱人"。

我们只是看到了对方一点点的"蛛丝马迹"，就迫不及待地把对方想象成我们自己理想中"严丝合缝"的爱人形象。

当然，相爱初期，对方也会刻意配合。可以说，彼此的迎合和掩盖，共同制造了这种假象。都说爱情是盲目的，其实，爱情确实是盲目的。因为，你根本看不到对方是谁，你只看到自己想把对方想象成谁。

结婚后，我们又把自己人性中最阴暗的部分、对原生家庭中成员最讨厌的东西，投射到对方身上。

剧情发生了巨大反转。

为什么会这样？

第一，当恋爱时的那种"间歇性"精神错乱消失后，我们开始恢复理性。

第二，当双方走入婚姻殿堂后，组建了家庭，对方成了自己最亲密的家人。对于最亲密的人，我们容易做更多"糟糕"的投射。

如何让对的人一直对？

我曾经让自己的学员做过这样一个空椅子对话实验：把人分成两组，一组人负责观察，另一组人选择和椅子对话。

当音乐声慢慢将人带入情境中去后，每一个人的行为都开始变得不一样。有的人泣不成声，有的人开始大笑；有的人选择坐在地上，抱着椅子说话；也有的人跟椅子离得远远的，没有任何肢体接触；有些人甚至从头到尾举着椅子；也有人站在椅子上，狂踢这个椅子……

他们所表现的这一切，都是跟自己伴侣长期相处后压抑隐忍的情绪。

事实上，我们夫妻之间大多数缺乏这种对话环境，彼此之间离得很远，没有沟通，更别说一种充满仪式感的、亲密关系的沟通了。

这样没有交流的相处下，所有不满、伤害、欺骗等情绪，都没有一个合理的空间得到释放，久而久之，就像两座小火山，因为某一件事就点着了。

这种男女关系，就像固体之间的关系，彼此无法交流。而好的伴侣之间，应该是像液体，或者气体一样，是互相流动，彼此相融的。你们彼此尊重和支持，才能得到最好的成长。

说到底，带给我们幸福的关键，并不是由对方决定的，而是你选择成为什么样的人，给予彼此什么样的生活，才是婚姻的幸福之道。

无力的妈妈

有人说，30岁后，大多数人的生活就不太可能再有故事了。我们每做一件事情，似乎都是在为30岁前的选择和决定买单。

人生就是一环扣一环的，前一个选择决定了后一个选择，我们这样一步步走到了现在。这个时代对女人要求越来越高，如果你选择成为一个职场女性，会有人说你不顾家庭，是个糟糕的妈妈。如果你选择成为一个全职妈妈，又有人会觉得生儿育女是女人应尽的本分，不算是一个职业。

当前的生活节奏下，尤其是一线城市，越来越多的妈妈在生孩子之后，或主动、或被动地选择继续工作，当一名职场妈妈。

80后的职场妈妈们可并不轻松，大部分情况下，产假归来重入职场，她们会有莫名的危机感和不自信，工作起来倍感压力；早出晚归的工作生活根本无暇照顾小朋友，万一又赶上宝贝生病更是无心工作；因为忙于工作小朋友只能交付给长辈带，而代沟导致的教育理念不同又使得妈妈们倍感焦心……

正因此，身边总会有这样一种声音："鱼和熊掌不可兼得，放不下宝贝就回来做全职太太吧！"

可生活，哪有说起来那么轻松？做全职太太就很容易吗？

她们选择主动放弃了自己的时间和追求，全天候地陪伴家庭和孩子，还要随时承担着没有经济来源的不安全感。

太强很累，不强更累，你终于发现人生果然如逆水行舟。

选择成为妈妈后，无力感似乎随时都伴随着自己。

妈妈之间只要一聊起当妈妈的生活，总会有很多共鸣，又何止用累来形容呢？"孩子小的时候，是那种痛并快乐的感觉，孩子渐渐大了，开始对你的各种挑战，孩子逆反、厌学、早恋……你为母不成长，困难绝对一件件地摆在你面前，让你招架不住。"

然而，孩子都是来成就我们的，他们经常是我们的镜子，我们所有的阴暗面，在他们那里，好像都有遇见。想要和孩子建立起来良性的关系，你只有一条选择，缴枪不杀，啥意思呢？就是放下你所有的价值观和评判，和孩子做朋友。不是让孩子听话，而是做一个会"听话"的妈妈。学习聆听，聆听孩子背后的需求。学习说话，至少要学习正确的赞美。

有人说，上帝知道自己不是无所不能，所以才创造了妈妈。因为，每一个无力的妈妈，最后都会绝地反击，生出坚实的力量！

是孩子，让我的爱有处安放

我当妈妈的过程，其实并不顺利，甚至可以称得上凶险。

孩子在我肚子里8个月的时候，被医生诊断为胎盘早剥，这种情况会造成产妇大出血以及胎儿缺氧、窘迫等甚至死亡，对孩子跟妈妈来说都很危险。当时医生的建议是早点剖腹产，避免不幸发生。

但是我很担心，早产会让孩子一出生就身体差。我请了国内有名的专家诊断，权衡再三，还是决定足月生产。先生在我入院时签下了一份"生死状"，他害怕极了，说："别人生个孩子这么容易，怎么到你这就这么费劲啊！"我知道他说话的特点，向来好话都是反着说，我听到的是爱和担心。

那个时候，我跟肚子里的孩子已然建立了一种紧密的联系。我是一个妈妈，这个身份赋予了我一种强大的力量感：我必须给我孩子最好的，必须让她足月健康地生出来。

这种信念支撑着我，躺在医院的病床上养胎，每天一动不动，甚至都不能下地。庆幸的是，我的女儿很争气，每次医生过来，她就在我肚子里活动得很厉害，至今我都能回忆起那强健的心跳声，仿佛对医生说："不要让我提早出来，我很健康的呀。"医生笑着说，小家伙真的很健康呢。

最后我真的足月顺利生下我的女儿。

其实哪有不害怕呢，我也对未知的结果有过无力感和担忧，但是这软肋同时也成了我的盔甲，我要保护好我的孩子。

女儿出生后没满月，又有了一个问题：乳糖不耐受，她吃多少拉多少，需要停止母乳喂养，喝不含乳糖的奶粉，并配合医院的一些治疗。这在婴孩里面概率是很低的。听到这个消息，我非常心疼，瞬间忍不住就哭出声来。大家都知道母乳喂养对孩子的免疫力最好，我一早就下定决定要好好的母乳喂养，我要给孩子最好的。

即使这样，我依旧没有放弃。我拿着挤奶的仪器，每3个小时挤一次，甚至下半夜也要起来挤两回，我奶量又大，整个冰箱冷冻层都是我留着喂孩子的奶。因为月子期间没休息好，我还落下病根，这些年，腰腿不好，经常疼，也很少穿高跟鞋。但所有的努力和付出都有了好的结果，几个星期后，孩子终于不拉肚子了，又能喝母乳了。

那一刻，我觉得一切都是值得的。

坚持的初心，是爱

我对女儿这种"想给她最好的东西"的执念，其实来源于我的母亲。她也是这样傻傻地坚持着，用爱的初心，将我滋养长大。

母亲经常说的一句话就是"哪怕砸锅卖铁也要供女儿读书！"

原本我的家庭条件还算不错，父母是黑龙江农场的职工，他们俩都特别勤劳，种地赚钱，但是因为想要保住我的弟弟妹妹，他们只好离开家乡，藏到别处生我的弟弟妹妹，农民都是靠天吃饭啊，发大水的一年，颗粒无收，从来都是按时交公粮给连队的农场的他们，突然之间就挂账，反过来欠农场钱了。没办法，我父亲常年跟家里人到山上狩猎，一干就是十年，但根本不赚钱，这期间里外全靠母亲来维持。我记得她当时特别辛苦，白天一个人割一天的大豆，晚上害怕小偷来偷，就在地里搭一个窝棚。她一个女人带着孩子，其实心里非常害怕，遇到小偷就披着父亲的外套，压低嗓子装成男人声音，咳嗽几声，拿着手电筒照过去，把人吓跑。

等我上初中，要到其他农场上学了，花钱就更多了。很多同学父母都为了省钱，让他们到家附近的学校上学，但是，母亲说，一定要让我女儿上最好的学。母亲是家里老大，因为姥姥在她要上学的年龄，眼睛得了白内障，她不得不11岁就开始挣工分养弟弟妹妹。所以，母亲从小没读过书，连自己的名字都不会写，但是，她很会算账，她天生是一个生意人。我初中、高中所有学费都是母亲在市场摆地摊，卖烤地瓜赚来的。我上学6年，她从来没去学校看过我，但是她隔三岔五就让公交车帮我带吃的。我知道，这些都是她从自己嘴里省下来给我的。

母亲就是在这样艰苦的条件下，送我和弟弟上学。任何时候，她都没有动摇过，她只有一个心愿：让孩子读书成才，能够走出来。其实东北地区，重男轻女的思想挺严重的，但是我母亲从来没想过让我辍学，甚至在我高中时候还花钱让我学音乐。她坚信："我的女儿这么优秀，我就是要给她最好的！"

我很感激，母亲用这种笨拙的、无私的坚持，将我培养成了一个同样充满爱和能量的孩子，而我现在，也能给予我孩子最好的爱。

也许无力的母亲，内心都是有这份爱在坚持着，才能一次次从沮丧中走出来。我相信，每一个孩子都值得被母亲守护，每一位母亲也都曾被自己的母亲保护着。在这样的爱中长大的孩子，未来才会有战胜困难的勇气和力量。

你拥有怎样的家

人这一生，会经历两个家庭。

一个是出生和成长的家，一个是长大成人后自己组建的家，第一个家就叫做原生家庭。

一提起原生家庭对人的影响，很多人首先想到的就是：有钱没钱。

对于家庭来说，钱固然重要，可比钱更重要的，是"良好的家庭氛围"。

想象一下，你眼前有两种家庭：

一种是爸爸喜欢读书，妈妈喜欢旅游，闲着没事儿就带你去看山看水，你喜欢体育就叫你打球，你喜欢音乐就带你学钢琴；

另一种是爸爸喜欢打牌，妈妈喜欢看电视，打牌输了骂你一顿解气，电视看得开心就忘记你在做作业。

你选哪一种？

父母永远是孩子的第一任老师，一举一动都会给孩子留下深刻的烙印，然后在未来的成长过程里，逐渐清晰地显现出来。

没钱不可怕，如果你有温柔体贴的妈妈和以身作则的爸爸，没钱根本不是事儿；怕的是，家庭富裕，却没有丝毫精神补给。

因为原生家庭带给孩子最重要的，是为人处世的方式和认识世界的途径，诚然，金钱确实会起到一些作用，但比金钱更重要的，是言传身教。

我的原生家庭并不富裕，但却是一个非常有爱的家庭。我的父母都是非常正直、有爱、善良、传统的人，而这些都无形中影响到了我。包括我跟先生，我们现在组建的自己的小家庭，也营造出了很有爱的氛围。

而这些，可能是父母给予我们最好的礼物。

美国加州注册心理咨询师陈兑说，原生家庭对于小朋友生理的影响是公认的，美国婴儿的重症病房会有志愿者过去抱他们，因为如果小婴儿没有接受成年人亲密的拥抱，他会出现疾病，不发育，久而久之会影响到整个身体的功能。美国大多数做亲密关系的咨询师也都是以依恋理论为基础，分析童年经历对核心价值观的影响，用偏认知的疗法来促进改变的发生。

成年人处理亲密关系的方式也可能是父母的重演。最终，家庭对孩子的影响力是最关键的。家庭不仅创造了孩子所在的世界，还告诉孩子这个世界应该怎样被诠释。

被爱过，才能相信爱

幸福家庭里长大的孩子，往往坚定不移地相信爱情。

就算单身，也不会丧失对爱情的期待，更不会随便将就；

就算分手，也不会失去爱一个人的能力，始终对婚姻怀着最美好的想象和希望。

如果是在吵架和家暴中成长起来的孩子，往往会对爱情和婚姻缺乏信心。

一个学员跟我说："我爸妈吵了二十多年，每次吵架都摔东西，我家的餐具都是不锈钢的。那时我就想，以后一定不要生孩子，不要让孩子过和我一样的日子。"

他们把一切亲密关系拒之门外，哪怕遇到喜欢的人，一想到家庭和父母，也会默默告诉自己"算了吧"。

如果恋爱失败，就觉得自己没办法再相信任何人了，明明年纪不大，却失去了爱别人的能力。

原生家庭对一个人爱情观最大的影响就是，只有体会过爱的人，才会有勇气相信爱。

别担心牌不好，只管打好它

东野圭吾在《时生》一书中对原生家庭的解释：

"谁都想生在好人家，可无法选择父母。发给你什么样的牌，你就只能尽量打好它。"

懂得接纳原生家庭的不完美，也就懂得了接纳自己的不完美；学会打破原生家庭的桎梏，也就学会了创造自己的再生家庭。

如果原生家庭没有给自己足够的爱，那就自己给自己更多的爱；如果原生家庭没有给自己太多的钱，那就自己努力赚钱；如果原生家庭让自己变得自卑，那就一点点学着变得自信。

所谓成长，本来就是用自己的好，弥补之前的不好，用自己的爱，去弥补那些缺失的爱。不管发给你什么牌，努力打好它，就等于做对了人生大部分事情。

理解并接纳不完美的父母

有个学员叫阿明，曾对我倾诉过自己与父母的故事。

阿明出生于偏远村寨，家里还有一个妹妹。她的父母都是普通农民，靠着几亩薄地养活一家四口，生活清苦而局促。

更要命的是，那个小山村闭塞荒芜，重男轻女的思想根深蒂固。

所以父亲对两个女儿总也爱不起来，他像一头负重的老黄牛，匍匐在黄土地上艰辛耕作，回了家便骂骂咧咧不见好脸色。母亲是唯唯诺诺的旧式农妇，将生不出儿子视为毕生耻辱，能奉献给女儿的爱也屈指可数。

考上高中那年，父亲用一个破旧的笔记本，一笔一画地写下了学费、住宿费、生活费各类开支。他边记边说："我会记下你用的每一分钱，以后要一分不少地还给我！"

阿明说，她永远忘不了那种严肃认真的计较，在那一刻她变成了孤儿。

后来，阿明拼了命去学习、拼搏，摆地摊、发传单、做家教，样样都干过，流汗也流泪地度过了整个少女时代。最终，她在一家外企谋得一个职位，又通过苦干实干升职加薪。

她给父母汇款，却从不主动联系。怨和恨都还在，所以孑然一身地漂在大城市，刻意活成无根的浮萍。

直到有一年，很偶然地回家过中秋。

那几天，父母正忙着收割稻子。

尽管已是秋天，稻田里蒸腾着的热气却依旧灼人。站在田埂上的阿明看着父母躬身劳作，花白的头顶将她的眼睛刺得生疼。

她开始问自己："浅薄的认知与粗陋的生活，是否会将亲情和爱都稀释？"

也许真的会吧，受限于贫瘠物质和落后思想的底层贫困父母，爱起来自然会有些苍白无力。那些斤斤计较的市侩和算计，大概也不是无法饶恕的罪过。

毕竟众生皆苦，我们的父母，也不过是被生活逼迫着压榨着的普通人，人性里的弱点和短处，他们也无法避免。

理解父母的苦衷，宽恕他们的过失，这才是一个人真正成熟起来的标志，也是与原生家庭和解的必经之路。

也许我们每个人都会有各种各样的原生家庭问题。父母的打击式教育、高压政策抑或夫妻感情失和，都为我们的人格发展埋下了潜在风险。那种被称为"童年阴影"的东西，看不见摸不着，却真真实实地影响着一生。

于是有人把所有的不如意、不幸福都归咎于童年创伤，认为一切糟糕的境遇与无力的现状，都需要家庭和父母来买单。

可事实上，心理学家提出"原生家庭"的概念，是为了寻求解决途径，而不仅是挖掘问题根源寻找责任方。

解决问题，远比追究责任更重要。

只有无力也无心改变现状的人，才会把一切责任都推向过去。原生家庭欠你的，你要学会自己找回来。这，才是对自己负责的最根本姿态。

如果不能活出内心力量就等于没活过

熟悉我的朋友都知道，我的偶像是奥·温弗瑞，作为一名黑人，她是当今世界上最具影响力的妇女之一。在我看来，她是一个内心真正有力量的女人。虽然我是一个外表看上去很温和、传统的女性，但是我内心一直蕴藏着一股不安的力量，它在我身体里东冲西撞，长久不得释放。

直到我在看到她了解她的那一刻，我内心的力量找到了出口：原来，女人还可以这样！原来我也是这样！

活出最真实的自己

奥普拉作为美国第一位黑人亿万富翁，她通过控股哈普娱乐集团的股份，掌握了超过10亿美元的个人财富；

她主持的电视谈话节目《奥普拉脱口秀》，平均每周吸引3300万名观众，并连续16年排在同类节目的首位。

但她的人生在一开始，并没有握一手好牌，相反，奥普拉的童年岁月过得很悲惨。

1954年，奥普拉出生在密西西比的一个小镇，出生时父母就分手了，她被丢给外婆抚养，直到6岁才回到母亲身边。

9岁被表兄强奸、13岁离家出走、14岁产下早夭的孩子。

抽烟、喝酒、吸毒、滥交，她的青春期堪称一部60年代的《猜火车》。

奥普拉在14岁的时候被母亲送到了父亲那里居住，《猜火车》的青春才就此打住。

父亲虽然穷但很严厉，在学习和生活上都不对她放松要求，每周要求她写一篇读书笔记，并且要背诵20个单词，否则不能吃饭。长此以往，读书和学习成为青年时期的奥普拉的生活主旋律。

16岁那年，奥普拉凭借一篇短小震撼的演讲《黑人·宪法·美国》，在艾尔克斯俱乐部演讲竞赛中得到了到田纳西州立大学深造的奖学金。之后，她还作为那什维尔青年协会代表和东部高中美国杰出少年的代表，赴白宫受到尼克松总统接见。

17岁那年，她摇身一变成为"那什维尔防火小姐"，同年她又戴上了田纳西州黑人小姐的桂冠。不要怀疑他们的审美，奖项发给她主要是她嘴巴能说，又恰好遇到喜欢智慧型的评委而已。

她大一的时候，哥伦比亚广播公司纳什维尔分部就两次找过她，希望她能去工作。懵懂的奥普拉竟然拒绝了对方，后来老师实在看不过去，提醒她："很多像你一样的人上大学的目的就是为了能在CBS占一席之地啊！"她这才走进CBS的大门。

大学毕业后，奥普拉成为巴尔的摩WJZ电视台的主持人。和同事一起主持《六点钟新闻》节目。但是她在播报新闻的时候不能保持客观中立的态度，情绪经常随着播报的内容忽喜忽忧，常常遭到观众的批评。

从新闻节目下来后，她的上司想带她去整容，因为她的头发太厚、鼻子太宽、下巴太大。导演心目中的黑人女子应该如波多黎各女人一样充满诱惑。但是她的底子太差了，美容医生端详半天后，拒绝了……

后来，台里给她安排了一个早间的谈话节目，才使她如鱼得水，成为当地小有名气的主持人。她的节目收视率居高不下。

芝加哥美国广播公司WLS电视台注意到了这个与众不同的主持人，以23万美元的年薪将奥普拉招至麾下。

出人意料的是，仅仅一个月，奥普拉访谈节目的收视率就超过了从前，从此一发而不可收，奥普拉直登"美国最当红脱口秀主持人"的宝座。

她主持的电视谈话节目《奥普拉脱口秀》，平均每周吸引3300万名观众，并连续16年排在同类节目的首位；连续播出了23年。

30岁出头的奥普拉因此成为人们心中无可争议的"脱口秀女皇"。

看她的节目，丝毫不做作，看不到虚假，她会和嘉宾一起抱头痛哭，一起开怀大笑，自己童年的黑暗经历，也毫不避讳！

我经常听到很多人在抱怨，自己没有一个好背景，有的人出生就在罗马，自己无论如何都是拼不过的，但是，更多的时候，其实真的不是我们没有变得更好的机会，而是从一开始，我们就在给自己做限定：我不能做什么！我做什么一定不会成功。

那是对我们内心力量的一种束缚，一种否定。

女性一定就要柔吗？

说到力量，很多人是摇头否定的。似乎女人和力量就不该有什么关系。我们从小到大接受的教育都是：女人该有女人的样子，应该温柔，谦和，不要争强好胜，等等。

可是什么样子才是女人该有的样子呢？又是谁规定我们必须这样呢？

《冰雪奇缘》中的女主Elsa所经历的一切，其实代表着我们女性对这个问题的反思，她的成长就是一场女性力量的觉醒之路——你不需要当一个等待被拯救的公主，你可以拥有自己的力量，成为拯救世界的女王。

Elsa从小生活在男权统治下，等待她的命运就是嫁人生子，成为男人的附属品。但是Elsa身上却拥有一股不被外界所认可、甚至被指责为"可怕"的力量。这种力量从一开始让Elsa感到害怕，因为在男权社会，女性拥有比男性更强大的力量是不被允许的。

Elsa处处掩藏自己真实的力量，直到有一天她的力量暴露在众目睽睽之下。她离开了熟悉的人群，创造了自己的城堡，在属于自己的世界中生活。即使在这个时候，她也是迷茫的，但是她开始反思了。

最终她找到了自己的使命感。Elsa不再以男性和社会世俗标准为参照，而是以自然为指引，以生命的本质为参照，做了真正的自己。

从寻找身份认同到寻找真正的归属，我们看到Elsa女性的成熟之路。

Elsa的最终觉醒，也表达一种美好的愿望，即：在全人类实现男女平等。

我们所生活的时代确实是个文明的时代，人权每个人都能说上两句，但是女权却不能被所有人认可。

女性在政治、经济、文化、思想、认知、观念、伦理等各个领域都处于与男性不平等的地位，甚至在家中，也被置于不平等的地位。

提到女性，人们第一想法大多是美丽、性感，而不是精明能干或睿智博学，女人的最终归属都得是回归家庭，这样的刻板印象对于女性颇为不公。

女性力量的觉醒，恰恰是对这种刻板印象的挑战——你有权活出自己最真实的样子，而不是别人要求的样子。

甩掉你的包袱

我们内心的力量难以释放，其实源于身上的三个包袱：不安全感、不信任和妥协命运。

我希望我的读者朋友们在看完这本书后，能够甩掉这些包袱，成为真正的自己，和我一同踏上这趟英雄之旅，迎接生命的全然蜕变：全然承诺、全力以赴、付诸行动！

第二章 我的思维

你生命中有多少个闪光时刻

我们生命的"高质量"是取决于生命天数的"质量",还是生命的"数量"呢?在回答这个问题之前,我想跟大家分享这样一个故事。

那是黄昏时节,一个内心迷茫、四处旅行的年轻人来到了一个地图上没有,他也从来没听说过的村庄。

太阳下山之后,渐渐地,挨家挨户的灯都亮了起来。远远地看过去,那个村庄仿佛就是镶嵌在山上的闪闪发光的宝石。这时候,沿着他走的这条路,他发现旁边有大片的田地,田里种着玉米和其他的庄稼。近处前方有几个隆起的坟包,还有立起来的墓碑。看来,这一带的老百姓,家族的坟地都安置在田里。

"今天晚上,就到这个村庄里找个人家住上一宿吧。"心里想着,他蹲下来,在一个墓碑旁系紧了鞋带。一抬头,他怔住了,墓碑上墓主人的年龄让他不由得大吃一惊:"怎么?才只有2岁?不会吧?"借着微弱的光线,他又看了几个,发现几乎所有的墓碑上面,无论是什么人,名字旁边的年龄都不超过5岁:有3岁、4岁、3岁3个月、1岁3个月、2岁……

他觉得好奇怪呀!"这是怎么回事呢?"

带着这个奇怪的问题,他走入了村庄。村庄里的集市刚刚散去,街上还有几个人,一看从远道来了一个陌生人,都过来向他打招呼,十分友好。他忍不住问起看到的那些墓碑:"那,究竟是怎么回事呢?"

可是，每当他问到这个问题，周围的人，不管男女老少，刚才还是热情招呼他的人，马上都一声不吭，远远地躲开了。

他更加奇怪了："这，到底是怎么一回事呢？"

他需要找一个过夜的地方，于是他往山坡上走，山顶上有一座离村子稍远一些的屋子，屋子里面亮着橘黄色的灯，光线很温暖。他敲开了门，迎接他的是一位白发苍苍的白胡子老人。

老人看上去很慈祥，他很热情地请年轻人进了屋，给他端来了热热的汤和食物。年轻人卸下行囊，吃喝完毕，实在忍不住，他又一次提出了那个问题。老人脸色一变，然后，沉默了很久，终于开口说："好吧，年轻人，那我就告诉你。我年纪已经很大了，所以，我或许可以把这个秘密，这个几百年来的秘密告诉你。

"在我们这里，记载一个人的寿命，从来不会看他到底活了多久，而是看他一生当中闪光时刻加在一起有多长。比如说肆无忌惮地放声大笑；比如说体会到生命是那样的幸福和美好；比如说突然间有了智慧，明白了自己在干什么，并且很享受当下的生命。

"这一系列的时间我们把它叫做'闪光时刻'，也就是在当下的生命享受。我们认为，这才是生命真正活着的时间，我们每天都会做一个记录。到老的时候，我们只看这样的时间，这才是我们真正的寿命。"

老人捋了捋长长的白胡子，笑着说：

"比如今天，已经过去了整整一天，我白天积攒了40分钟的闪光时刻，半个小时是在今天早上我看到日出的时候，我感觉到这个朝霞满天的世界真是太美了。刚才看到你，一位年轻的旅行者喝完了我亲手做的热汤，不再寒冷，不再感觉那么辛苦，我觉得自己也很欣慰，这样，我的闪光时刻又增加了10分钟。想想看，我们一天积攒起来几分钟、十几分钟，那么像我，活了88岁，我可以很高兴地告诉你——我的闪光时刻已经积攒到4年半了，所以将来我的墓碑上至少就会写上4岁半；如果我足够幸运的话，会写上5岁。你知道吗？年轻人，如果那样，我就会是我们这里最最幸福的人了。

"我们永远只会记录那些闪光时刻的长度，这才是我们真正的寿命。如果一个人一生能积攒1—2年，他就应该感到心满意足了；

如果是3年，他该有多快乐呀；

如果是4年，就意味着幸福一直陪伴着他，那么他的生活该多美好啊；

如果是5年，那他，还需要祈求什么呢？"

老人一字一顿地说完了。

一个人的真正寿命，不在于到底活了多少年，而在于闪光时刻加在一起有多长。人生的真正生命，永远只是那些闪光时刻的生命。

年轻人听完，若有所思，静静离去。后来他从原先的公司辞职了，进入了一家杂志社，开始拿着专业的相机，跟着老师学习，做起了他最喜欢的摄影。虽然工资低了许多，但是他非常开心。他说："我决定要积攒我墓碑上的闪光时刻。"

闪光的人生，只在于生命中闪光的时刻到底有多少。其实，哪怕闪光的时刻只有1年，也远比焦虑无奈、痛苦折磨的10年，更让人向往。这也是这个故事可以让很多重症患者听完后能够放松下来的原因。

在这个世界上，我们哪一个人生命不是有限的呢？难道，非要等到剩下的日子"数量"屈指可数时，我们才会关心"质量"吗？

今天就该是"金天"——金子做的一天天。

那么，你如何才能让生命的闪光时刻更多呢？

那就是，拆掉我们脑子里的范畴！

我的范畴

我曾经做过一个实验，就是让我的学员们闭上眼睛，想象一下自己身处在什么地方，周边都有些什么，自己的状态是怎样的。

有些人觉得身处于沙漠之中，那沙漠是什么样的呢？它是充满风沙，炽热，缺少生命和水资源的；

有些人觉得自己身处海边，那海边是什么样的呢？它是阳光明媚的，有高大的椰子树，蔚蓝的天空，嬉闹的儿童……

这些存在于我们脑子里的画面，其实就是我们的范畴。

什么是范畴？

它其实就是一个空间，这个空间存在于我们的大脑中，是我们自己给自己画出来的一个无形的框架，这个无形的框架有一种看不见的力量，影响我们人生中看不见的一切。

可以说，我们每一个人都有这样一个框，不同的是，有些人的框容积大一些，有些人的框容积小一些。

我们把这个框叫做自我思维的范畴。

这种内在的范畴并不是与生俱来的，而是我们后天的教育、原生家庭、人生经历等一同塑造的。它只属于人类，是一种为了生存而形成的自我保护机制，或者说是预警机制，大脑设定好了范畴，提醒自己，一旦超出范围，就会受到外部的伤害。

我们很多时候过着自己不想要的生活，是因为我们待在了不应该待的范畴里，我们的思维被限制了。

我们在一次次触碰到范畴的边界线后，退缩了。

这一切，都是一种求存的本能使然。

内在系统的三个模式

你有没有试过，在请别人帮忙的时候，别人都还没有说行还是不行，你就已经自己先拒绝了自己？

我有位朋友，是公司的技术骨干，有次公司给他机会，去参加一个行业内的聚会，聚会设在星级酒店里面，而且会有很多业内重量级的人物参加，这是个难得的机会。

但是这位朋友放弃了这个机会。原因是，聚会需要盛装出席，他觉得自己穿西装打领带很别扭。他说觉得穿西装别扭，其实是个借口，这是为了给身边的人、给同事一个解释。

真正的原因是，他害怕。

怕什么？他说他从来没有参加过这样的聚会，他不知道要怎么样，他怕自己会显得不合时宜，他觉得自己不可能去出席这样的宴会。他说他很想去，但是他退缩了。

他说一直以来都有这样的问题，害怕去做些事情。别人都还没有拒绝，自己就先拒绝了自己。

"不可能的""我不行""我性格内向""我害怕与人交往""别人不会答应的"等等，这些声音时时在自己脑中响起，你是否也会经常有这些念头？

为什么会这样？

这是因为我们范畴里面三个模式在作祟：寻求安全、避开危险、逃跑躲避。

如果你观察自身，会发现大脑给它自己建立起了一整套自以为安全和确定感的程序，以便不受恐惧、忧虑和危险的羁绊。大脑一直在寻求着固定的模式，它所做的选择以及展开的行动，都是从这个固定模式出发的。

它始终寻觅和发展着各种形式的安全及其价值理念与幻觉：财富的安全及其个人权利，信仰和理想的安全，以及心灵在爱中所寻求的安全感。

当大脑意识到了痛苦和不确定时，它就会马上开始逃避到信仰、理论和希冀里去，从而变得停滞不前。这种替代、逃避的过程，只会带来挫败。

但是这些存在于我们大脑中的幻象，都不是真实的，那个在我们大脑中出现的声音，不一定是对的。

这种状态其实是虚假的，我们只有聆听自己内心真实的声音，才能摆脱它的束缚。

有句话说"我命由我不由天"，这里面的"天"其实就是指我们的范畴，这是一直伴随我们的东西，而"我"指的是我们内心真实的声音，是能够指导我们跳出这个范畴，去创造自己命运的声音。

认识我们的求存范畴

我有个大龄男性朋友，每天都在苦恼：找一个女朋友约会，实在太难了！

我说，这有什么难的，你马上打开通讯录，锁定十个适龄女性朋友，打电话约她们，肯定能约会成功的！

你觉得这位男士他会打电话吗？

肯定不会！因为我们的求存范畴在起作用了，于是他的大脑中响起了这样的声音：如果被拒绝了多不好，我这么冒昧，别人怎么看我？

没错，这就是我们大部分人的真实写照，因为我们在这种求存范畴的自我保护下，毕生都在逃离这四种体验：尴尬、被拒绝、做错事、失败。

因为太在意评价，因为害怕不被理解，因为不敢面对失败等原因，我们被这种求存范畴牢牢地绑架在这一小片天地中，最终失去自我。

但实际上，它是真实存在的吗？

我给大家举个例子。我女儿是一个自我意识比较强的孩子，小朋友过来家里玩，她很开心，但是没多久两个人就吵起来了。原因为我女儿要求对方"经过我的允许才可以碰我的玩具"。但是另一个小朋友就是不肯妥协，于是两个人就吵起来了。

这个时候，可能很多家长就会出来劝阻自己的孩子："你怎么能这样呢？你是小主人，对待客人要礼貌大方，你不能这样……"

为什么大人会这么说？因为他觉得尴尬。长久以来的教育、为人处世准则等在告诉大人，跟客人吵架是不礼貌的，是让人尴尬的。

可是小孩子会觉得尴尬吗？不会。

因为他们的脑子里还没有建立这种求存范畴，他们只是在就事论事地争吵，尴尬的不是他们，而是脑中已经有了自我限制的大人们。

而大人总是试图将他们的范畴，灌输给自己的孩子。

求存范畴的特点

喜欢拿过去不好的结果去批评自己，以此强化求存范畴的正确性。这种求存范畴的初衷是为了掩饰自己的不自信，通过各种方式，或者是行为，或者是自我报告，或者是他人强化，最终结果是自己真的给自己设限了，也就成了你并非真的做不到，很可能是你大脑中的声音（潜意识）阻止自己做到。

我想告诉大家的是，不要被你脑中的声音所迷惑！

当它出现时（它必然会出现），请给自己喊停，去认真倾听心里的声音。

因为我们脑子里的这个求存范畴，它既不关心你的需求，也不关心你的梦想，它只会捣乱你的目标，为了让你停留在一个它以为安全、舒服的状态而作祟。

求存范畴的三个呈现方式

大部分人都会被自己脑中的求存范畴所困扰，呈现出三种方式：妥协、低迷、抽离。

妥协：当我们想去做一件事情的时候，比如那位男性朋友想给异性打电话的时候，他脑子里就会出现各种声音，最终他妥协了，听从了这种声音。

低迷：当我们听从大脑中的声音，我们的生活就很难有所改变，于是我们的情绪、能量上就会处于低迷的状态，失去了人生目标。

抽离：在长期这种无目标、无能量的状态下，很多人就不愿意活在当下，把自己抽离出来，最终选择活在了脑子里的声音里。

求存范畴的三种行为

因为无法从这种求存范畴中跳脱出来，很多人就反而会去维护这种自我保护机制。具体的表现行为有三种：捍卫、解释、抱怨。

捍卫：在这样的人眼中，所有事情非此即彼，必须二选一，没有任何中间地带，以此来捍卫自己脑子里的声音。

解释：不断地为自己辩解，比如有人感觉自己不被人认可，就开始不断解释，却不肯正视事实可能并非如他所想。

抱怨：对不符合自己脑子里声音的所有行为，作出抱怨，常见于老人，比如他们看到年轻人起得晚等不符合自己想法的行为，都会作出抱怨。

求存范畴的三个结果

长期陷入求存范畴的人，最终只能迎来这样三种结果：合理化、平庸、渐进。

合理化：用自我方式，把一切行为合理化，好符合自己脑子里的声音，认为一切都是应该的，合情合理的。

平庸：无法跳脱自我限制的人，是不可能有力量、不可能闪光的。

渐进：陷入这种模式中的人，所有的变化和改善过程都是特别缓慢的，行动力偏弱的。

求存范畴就像一种电脑程序设定，是从小原生家庭、大的环境、大的价值观体系给到你的。而我要教给大家的，就是打破这个范畴，从它的束缚中跳出来！

跳出我们的范畴

不知道大家有没有发现这样一个规律：越怕什么，越来什么。

一个老板，越是害怕破产，反而越容易遇上破产。

一个女人，越害怕发胖，反而越容易遭遇发胖。

一个司机，越害怕车祸，越容易碰上车祸。

很多人因为这样的现象，以至于即使自己心里有了害怕的东西，也不敢说出来，担心说出来之后，更容易变成事实。

还有更绝的，心里担心的东西，嘴上反其道而行，说出相反的那个东西来。比如心里不想离婚害怕离婚的人，嘴上反说一定会离婚，以为这样说了，反而更不容易离婚了。

结果可想而知，事情最终必然会顺着这个糟糕的方向发展。

这都是我们大脑设置的范畴在限制我们，让我们的生活越来越糟糕！

你是不是被你的"头脑"骗了？

过去我们通常是用大脑来做决定的。然而，大脑给我们的画面是否可靠，大脑给我们很多的思维是否可靠，这个值得我们每一个人思考和觉察。

比如说，患有强迫症的人，之所以老是担忧、恐惧、焦虑不安，实际上是因为他们没有活在当下，一直收到的是大脑给他们的画面。

你的大脑告诉你：现在工资低，物价高，房价高。实际上你的头脑在骗你，房价高可以是机会，物价在涨也是机会。因为你们每个人都被你的大脑骗了。你们以为最糟的时机，实际上是最好的机会。

你的大脑告诉你这么做是安全的，其实有可能是一种最危险的举动。

有一年，我妈妈在公园运动时摔伤了膝盖，本来她一直都处于很好的运动状态中，这时有人过来了，她以为两个人会相撞，于是出于自我保护，突然停了下来，结果反倒摔伤了膝盖。这就是我们大脑错误的判断，欺骗了我们。

包括我自己，每次遇到重要的事情，或者家里来客人等场合，就会不小心摔坏杯子，把茶水倒得溢出来，这让当时刚参加工作的我特别难堪。但是我越怕会这样，就越会这样，这是因为我们的身体被大脑中的这种担忧给控制住了。

所以现在我就会特别注重对孩子的教育：一定要打破这种求存范畴，这件事从很小就得开始。

女儿到了上学适龄期时，我特意去考察了两所口碑都不错的国际学校。原本我已经交了学费定了一所学校，但是在见了她们的老师和教学管理后，我还是决定换学校了。为什么？因为我发现那所学校的老师，她们很害怕出错，不管是面对学生家长还是学校领导，她们说话都是小心翼翼的，包括学校的教学管理也是，完全封闭的，不让家长参观。可想而知，这样的教学环境，能培养出开放的孩子吗？

我们成年后，都有了自己固有的范畴，想要让生活有所改变，想让我们的人生有所成就，就必须打破这种范畴，时时有意识地跟我们大脑中的声音做对抗。

这些年，我经常上舞台，每次都是按一个高标准的主持人要求自己。可是有一次，我就想，我能不能打破这种常规的做法呢？我想看看，我用最真实的状态来主持这场晚会，会取得什么效果。那天我没有昂首挺胸，而是用放松的站姿立于舞台，我没有用准备好的台词跟我的搭档配合，而是插科打诨地跟他互动，我没有按照节目流程去独唱，而是让工作人员关了灯，鼓动所有观众手拉着手跟我一起合唱。我完全忘记了自己在别人眼里是什么样子，我放下了任何我应该是什么样子的范畴。

毋庸置疑，那次是我主持史上反响最热烈的一次。现在我在学习短视频传播，我时时在大脑中提醒自己，放下原来的范畴，放下原来的范畴……其实，你只看见我在做，但是，我对自己的高要求，不断跳出前一刻的范畴框，是一分钟都没有停止的。

表面上，20多年，我一直在跨界，其实，真正的跨界根本没有行业限制，真正的跨界，是跳出我个人的范畴界限。我身边有很多"聪明人"，他们太清楚如何快速拿到成果，但是他们往往不能跨越更大的自我边界，所以他们的企业做到一定的规模，就怎么也上不去了。表面上，在商业模式和营销动作上，他们少走了很多弯路，但是，有一些他们觉得"累"的东西，恰恰就是他们可以跨越的瓶颈。可惜，因为范畴不断吓唬他们，让他们经常放弃超越内在的自己，从而超越企业瓶颈。因此，他们只能是"聪明"人，而不是智慧的人。

寻找内心真实的声音

到底我们从内心收到的感觉，跟我们从大脑收到的感觉，有多少矛盾和冲突？我要跟随我大脑的声音？还是跟随我内心的声音？

为此，我做了一个实验，让我的学生分成两组，互相问对方：你是谁？

你可能会回答自己的名字，职业，社会角色身份……

可是，你到底是谁？你还能是谁？

也许，我是个英雄？

我是个内心很有爱，充满喜悦的人？

我是个滑稽的人？

我是个特别有号召力、影响力的人？

没错，就是这样，一点点地问自己，你人生还有什么可能性。

只有这样，才能挖掘出我们内心潜意识中最深层的声音。

甩掉求存范畴的六个包袱

前面我们提到背负在身上的三个包袱，要跳出求存范畴，我们还得放下这三个包袱：内疚、羞耻、怨恨。

内疚：我一度很内疚父母的离婚。因为很小的时候我看到他们吵架，我心里暗暗地想，也许他们将来会分开。后来他们真的离婚了，我感到很痛苦，好像这一切都是我造成的。这样的想法让我充满了负罪感、痛苦和无力。一直到现在，我才能正确看待这件事。它让我反思，当以后出现这样的状况时，我可以在大脑中构建好的画面，转变自己的思维，让事情朝着好的方向发展。

羞耻：有人会因为无意中赚了兄弟朋友的钱而感到羞耻，有人会因为跟闺密的男友好上了感到羞耻，并且被这种情绪折磨着。但是这样的情绪有什么作用呢？它会让你停止做这些事情吗？会让结果有什么不一样吗？不会的，那么，停止这么想！

怨恨：有些人在情感结束时会产生怨恨情绪。其实毫无益处。如果你是主动分手的，那么你会在意别人怨恨你吗？根本不会，不然你也不会选择分手。同理，你被分手了，你的怨恨只会消耗自己，并不能影响到对方。那么，停止你的怨恨！

如何蜕变我们的范畴

蜕变范畴的呈现方式：鼓舞、参与、热情。

如果你想建造一艘船，并非让人们聚集在一起去收集木材，或指派给他们任务或工作。你只要引发他们对于大海的无限期盼就可以了。这句话就很好地体现了这几点特征，对自己和身边的人、团队，给予最大的鼓舞和热情，并全情参与进去，这是蜕变我们的范畴最有力的方式。

蜕变范畴的行为模式

四种行为模式：面对、引领、创造、感召。

面对生活中的一切变化和困难，面对我们过去的一切苦难，不再回避，不再恐惧，更加细致地去了解关心自己和身边的每个人，针对彼此的特点来进行感召，去创造一个属于我们的未来！

你的思维方式属于什么类型

　　大英图书馆建了一栋漂亮的新楼，准备整体搬迁过去。书多重啊，还这么多，搬家是非常大的工作量。

　　有人估算，做这件事要花350万美元，好大一笔钱。

　　请问，如果你是馆长，怎样才能用尽量少的钱，把海量的书，搬到新馆去？

　　雇更便宜的人吗？发动所有员工及其家属？要求新馆建设者承担这个义务？

　　在"搬书"这个固有的思维模式下，可能很难找到更好的方案了。

　　那顶级优秀的人，会怎么办呢？有位年轻人对馆长说：我来帮你搬，只要150万。年轻人在报纸上登了一则消息："从即日起，大英图书馆免费、无限量向市民借阅图书，条件是从老馆借出，还到新馆去……"

　　年轻人从"搬书"的思维模式，转换为"还书"的思维模式，结果花了不到一个零头就完成了这个看似不可能完成的任务，自己也成为了百万富翁。

　　你看，同一件事，思维模式不同的人做，效果就会截然不同。

　　每个人都在以他的理解和经历，构建自己的思维模式，然后再用这个思维模式，理解这个世界。

　　因为思维模式的不同，同一件事，不同的人做，效果会截然不同。

这也是为什么我们经常说：普通的人改变结果，优秀的人改变原因，而顶级优秀的人改变模型。

顶级优秀的人和普通人之间的差距，其实就在于他们的思维模式，完全不同。

你是结果导向型还是问题导向型？

假如现在有一个项目找到你，说看中了你的一些资质、潜力或者资源，想跟你一起合作，你第一反应是什么？

有一种人首先想到的是：你为什么会找我？这个项目靠不靠谱？有没有违法？可能会遇到什么问题……

另一种人会这样想：啊呀，太好了！这对我来说是个难得的机会，我要是做成了，可以赚到多少钱，获得多大名利……

前者是问题导向型思维，后者是结果导向型思维。

虽然二者的思维方式完全不一样，但是这两种人有一个共同的目的，即都是为了达成目标。

问题导向型思维的人，会不断地思考这件事可能遇到的困难和阻碍，他的思维主要停留在逻辑理解六个层次的下三层，即环境、行为、能力。这样的人容易在想完之后，被可能遇到的种种问题吓倒，最终停滞不前，无法作出改变。

结果导向型思维的人，会对未来产生无限憧憬，沉浸在一种喜悦和幻想中，他的思维主要停留在逻辑理解六个层次的上三层，即价值观、身份、愿景。这样的人虽然很有感召力，但很可能停留在夸夸其谈、画大饼的阶段，无法落地到下三层，最终无法成事。

这两种人在想完这件事之后，都很难再进行下一步，所以说我们的团队需要这样两种人的组合：白日做梦跟实际做事的人。只有将这两种思维模式的人组合在一起，事情才能顺利地进行。

你的思维链条完整吗?

从想法的产生到实现,这个过程,我们完整的思维链接应该是这样的:愿景可能性—行动计划—可能遇到的问题—问题解决方案—下一步。

比如我在一堂家庭经营的课堂上,跟我的学员对话。

我问她:你想要什么?

学员愁眉苦脸:我不想要不幸福的家庭。

这就是问题导向思维的人,她首先想到的就是问题,以及她不想要什么。这个时候,我要做的就是将她引导到正向、可控的结果上。

于是我继续问:你想要什么?

学员:我其实不想跟他吵架,我不想这样……

学员的思维依旧陷在自己的困境中。

我不断地一次次问她:你不想要这些,那你到底想要什么?

最终她回答:我想要幸福。

我:你所说的幸福,具体是什么呢?你脑海中有什么画面吗?

学员:嗯,我希望我跟我的先生能偶尔有自己的二人世界,可以出去烛光晚餐,或者哪怕在小地摊上吃个饭也行,只要能好好地聊聊天;我想我们能时常有一些拥抱,定期有良好的两性生活,每周能有几次深度沟通……

这时候幸福已经有了具体的画面,她知道自己想要什么结果了。接下来就要询问她结果的意义是什么?价值是什么?

我:那这些对你有什么意义?

学员:这样的话我会感觉更幸福,能够获得快乐,那我的情绪也会影响到孩子,我的孩子将来也会变得更幸福,我和先生之间的关系也会变得更好。

我:你要怎么实现它呢?

当我引导学员到这一步,就是具体行动了,我们要将愿景付诸实际行动计划中去。

学员：我很难改变我的先生，所以我得先改变自己，也许跟我的先生聊一下，比如说明天晚上八点，我们一起吃饭，表达我想跟他创建幸福婚姻的愿望。

我：你们原来聊过吗？聊完为什么没有实现？

学员：因为对方并不配合，觉得老夫老妻了，根本不需要这些。或者聊到一半两个人吵起来了，最后生气了，不了了之。

这就是我们在行动中可能遇到的困难，我们要设想这些困难，然后针对困难作出计划，假如遇到了要怎么应对。

我：那如果这次还是遇到这些问题，你打算怎么做呢？

学员：我会提前想好各种可能性，将想要谈的内容记录下来，订一张餐厅的票，接下来就是跟他约吃饭的时间。

当设想的困难和制订的解决方案都出来之后，就是下一步，付诸行动了。

5W2H法则

我们在行动的细节中，要遵循5W2H的细节法则，即时间When、地点Where、人物Who、是什么What、为什么Why、怎么做How、多少How much。

比如这次，我的学员要做的事是，明天晚上八点，和她的先生一起，去一家他们有过共同回忆的餐厅吃饭，聊一下关于创建美好婚姻生活的问题。

这就是一个完整的思维链在一件事中的具体体现。

常问自己的五个问题

在这件事完成之后，并不代表它就已经结束了。我们需要做的远不止如此，我们还要长期问自己以下几个问题：

1.行动开始有定期复盘和总结吗？会听取他人的意见吗？

比如我跟我的这个学员在交流对话以后，最终她去约谈了吗？约谈的结果怎么样，相比较从前有进步吗？我们要有阶段性复盘，总结每次计划实施的结果，这样才能不断进步。

2.自我思考还是听取他人意见？

很多人遇到问题后，会有一个自己的思考，有些人会只关注自己思考的结果，有些人会容易被他人的意见所左右。比如编剧的工作，完成一个剧本后要拿出来给人看，但是这中间就会出现问题：编剧要么往往被各种意见带进沟里，要么面对纷繁芜杂的意见，不知如何筛选，于是干脆堵上耳朵，什么都不听。越是深陷泥潭的作者，越听不进去意见。

其实最好的方法是，整合别人的意见跟自己的思考，作出合理的决定。

人会从自己的角度评论，给出意见建议，但是因为知识、见识、阅历的限制，会有不一样的看法，自然结论也就不一样。在岁月的长河中，学会听别人的建议，做出自己的决定，是非常重要的能力。我们在听了别人的建议后，不妨想想是不是适合自己，给建议的人是不是和自己的情况不一样，多问几个人，综合考量一下。

3.思维是发散广度的，还是垂直深度的？

思维广度就是你能想到多宽，比如说别人说到椅子，你能想到板凳、沙发、桌子、房子等，这种就叫广度；深度指你考虑得有多深入，椅子是由哪几部分组成，材质是什么。就像下棋，广度能够看到全局的棋子，深度则指你看到一个棋子要走多少步。但不管是哪一种，最终发散的思维都要收回来落地，才能走下一步。

4.会从个人的角度去思考，还是全局？

有些人做事的时候，容易从个人角度去思考，比如她去创业，首先会想到：我没这个能力，我没有钱等等。但是从全局思考的人，就会懂得借力，寻找团队合作。

5.会长期围绕一个目标去思考还是会不断转换轨道？

不管是创业还是打工，都有两种模式，不断地尝试换新，或者认准一件事、一个领域，用尽全力去钻研。这两者有利有弊，但是不断换新的最终目的，是找到最适合自己的事情，坚持下去。

换一种思维框架，就换了一个世界

思维方式决定行为，行为决定习惯，习惯决定性格，性格决定命运。

一个人的思维方式，是基于他对客观事物的见识、理解与认知，并蕴含在为人处世、工作生活和待人接物的各项活动之中。

人生不是取决于"命运"和"过去"的创伤，而是自己的思维方式。冲破日常思维的限定，就会拥有不一样的人生。

但是很多人都会在这上面给自己设限。

不信命还是听天由命？

曾经看过这样一句经典：不是世界选择了你，而是你选择了这个世界。

可很多人的思维却是：这就是我的命，没得选。

前段时间火遍大江南北的《哪吒之魔童降世》，那句："我命由我不由天，是魔是仙，只有我自己说了算。"至今如雷贯耳。

我们到底是信命，还是听天由命呢？

我给大家先讲一个故事。

袁了凡因幼年丧父，母亲让他尊祖训放弃学业而从医，但是他不太甘心，后来，一个姓孔的江湖道士，说他有仕途之运，他的母亲才同意让他继续读书。

于是，袁了凡自秀才而逐级往上考，但是直到中年，都没有达到孔某算的命数，陷入了宿命论的桎梏，他的精神非常压抑。这时，袁了凡遇到了一个世外高人，明白了人的命运是由自己掌握的，于是开始重振精神，并通过一件件为大众造福的行动，在改正自身缺点和修正自己行为的过程中，同时也改变了自己的命运。

袁了凡通过行动激励自己不屈从于命运的安排，也成了后人学习的榜样。

很多人认为自己出身不好，没有爹可拼，没有颜值可拼，没有显赫的身世可拼，甘愿向命运低头，随波逐流。认为"我的出身决定了我的未来"，可是并不尽然。我们要敢于挑战命运，命，握在自己手中，不放弃，不气馁，不畏难，相信自己。

余生很长，愿你无论何时都能张开双手，把命运紧握在自己的手上，并告诫自己："去你个鬼命，我命由我不由天！"

能力不是决定因素

成功并不是完全由我们的能力和天赋决定的，更受到我们后天在追求目标的过程中所展现出来的思维模式的影响。

曾经有这样一则新闻，一位已是两个孩子母亲的37岁女硕士在论坛发帖求职。

她毕业于国内顶尖的大学，在外企工作近十年，因为部门关闭被裁员，只能重新找工作。作为一个有十年外企工作经验的硕士生，她的要求可以说很低很卑微，短期内月薪三千就可以。

网上发帖找一个月薪三千的工作，说明在现实的职场中月薪三千元的工作她都很难找到。

一时间，网上的评论沸沸扬扬。

有人在感叹读书无用，辛辛苦苦十年寒窗苦读，硕士毕业却连月薪三千的工作都找不到。有人在慨叹中年危机，上有老下有小，一朝失业何去何从。

却很少有人真的去关注，这位女硕士到底为什么找不到工作。

她在帖子中这样描述自己的工作经历：

做过科研合作管理，但只是"打杂"；本专业的注册证书没考下来；考了个日语1级，却不能口头交流；英语还行，但也只是考研时英语成绩过得去。

她说："我承认我很失败，没有在这么长的职业生涯里磨砺好我的翅膀，所以现在才这么凄惨。"

大家需要真正关注的，不是她硕士毕业找不到月薪三千的工作，而是她连月薪三千的工作都找不到，这背后深层次的原因。

不是因为硕士不再值钱，也不是因为社会对女性对中年人的歧视，而是因为她自身没有拿得出手的过硬的技能，没有不可替代的优势。

相反，我认识的一个作者小米，刚刚大三，利用业余时间持续写作，不但成为多家平台签约作者，还出了自己的书，还是几个网络社群的运营者，已经有稿费、版税、工资等多渠道的收入。

作为一个还没毕业的学生，小米不但早早实现了经济独立，还能经常带爸妈去旅游，给爸爸买羊绒大衣，送妈妈奢侈品包包。

前几天他发了一条这样的朋友圈："总结这个月的账单，竟然一不小心给爸妈发红包累计上万元。"

小米这样的年轻人，怎么会发愁走出校门找不到工作呢。

千千万万像那个求职女子一样的普通人都想知道：我与那些成功的牛人之间，差距到底在哪里？

你与牛人的差距，就在于思维模式的不同。

不漂亮的女人努力也没用？

有学员跟我哭诉：这是个看脸的时代，我一没文化，二没背景，关键还长得丑，怎么可能成功嘛。

我当时就回她，你看人家岳云鹏，人家不照样过着帅气的生活嘛！

学员：那是男人，可是一个女人，长得漂亮才能有出彩的那天。如果没有一张好看的脸，谁还会留意你？

我说，有的，当你足够优秀的时候。

你觉得邓文迪漂亮吗？不漂亮，但不妨碍她一脚踩进名媛的圈子。王菊漂亮吗？不漂亮，但不能阻止她在台上快乐地唱跳。

所以，当你足够努力，优秀到一定地步，自然会有人发现你的好。

就像超模吕燕，在没有成名前，她只是一个生活在江西德安，年仅18岁的普通小女生。

一双小眼睛，塌鼻子，一脸的小雀斑，谈不上漂亮，用路人的长相形容她，最是贴切。因此，当她出现在秀场上时，各大媒体关于她的报道，都离不开"最丑模特"这样的字眼。

"丑"成了她的代名词，有些人关注她，是想来看看她，到底能有多不好看。

面对这些质疑和嘲笑，她说："我第一次出国，一句英文也不会，曾经一天跑10个面试，一个工作都没有得到。"

年仅18岁的吕燕将这些硬扛了下来。她在异国咬牙坚持。别人一次又一次的拒绝，只能让她更坚定自己的信念。

吕燕苦学英语，找准各种机会，在各个秀场上表现自己，证明自己的实力。不放弃，便是她给人生最好的礼物，最终成就了自己。

没钱没资源？要学会借力！

在世界上所有的植物当中，美国加州的红杉是最为雄伟的。它的高度大约在90米左右，比一幢30层的楼还要高。

按常理，越是高大的植物，它的根就扎得越深。但是，研究发现，红杉的根并不像一般的树那样深深地扎于地表之下，而是浅浅地浮在地面上。

如果高大植物的根扎得不够深的话，就会非常脆弱，一阵大风就可以把它连根拔起，更何况是红杉这么雄伟的植物！

那么红杉为什么会屹立不倒呢？

原来，红杉是以团体的形式生长的。一棵棵红杉组成了一大片的红杉林，它们之间彼此的根会紧密地连接在一起，一株连着一株。

即便自然界中有再大的飓风，也无法撼动几千株根部紧密相连、上千公顷的红杉林。

而红杉之所以能够长得如此高大，也在于它的浅根。浅根浮于地表，可方便快速地大量吸收促进它成长的水分，使它能够快速地茁壮成长起来，而没有像一般植物那样的深根，也帮助红杉节省很多能量。根基浅的美国加州红杉之所以能够稳如泰山，就在于它借助了同伴之力，善于借力与合作。

同理，现实中并不是所有的人都是在手上有资源的时候才开始创业，也有一些人空手起家，靠的就是个人的整合能力。

一个小男孩在院子里搬一块石头。

父亲在旁边鼓励："孩子，只要你全力以赴，一定搬得起来！"

但是石头太重，最终孩子也没能搬起来。

他告诉父亲："石头太重，我已经用尽全力了！"

父亲说："你没有用尽全力。"

小男孩不解，父亲微笑着说："因为我在你旁边，你都没有请求我的帮助！"

很多人嚷嚷自己没钱、没资源，所以无法创业，其实就跟这个故事里面的小男孩一样。对白手起家创业者而言，没钱、没人脉、没资源不可怕，只要你具有整合资源的思维，那么，一切没有的，都可整合过来，组成一个新的资源体。

第三章 我的情绪

认识情绪，就是认识你的人生

一个人对情绪的认知，决定了他对生活的掌控程度。

一个不认识情绪的人，就算被深深陷入情绪的影响中，也不知道自己为什么会消极、愤怒。其实情绪的管理和与人相处一样。想跟情绪和睦相处，第一件事就是去了解情绪是怎么来的？

当世界上发生某件事时，不管是枪击事件，还是挑逗性的一瞥，我们的情绪都会迅速自动出现，就好像有人按了开关一样，产生这种情绪的两个主要原因是：

1.大脑当中的化学物质；

2.信念和价值观。

科学研究发现，人的情绪，是人应对外界环境变化的产物，是由人脑化学物质的综合含量变化决定的，这些物质包括多巴胺、血清素、脑内吗啡等等。

因此，从本质上来说，我们的情绪是不可控的，这是一种身体的自然反应。但是为什么面对同一件事，每个人的情绪都不一样呢？

因为这些情绪的产生，除了由我们大脑中的化学物质控制以外，还和我们的信念及价值观有很大关系。

比如有人开车，不小心撞死了一只猫，不同的人反应完全不一样：

天呐，太难过了，我怎么撞死了这么无辜可怜的小生命。

真的挺抱歉，不过幸好我的车没损伤。

完了完了，听说猫代表财运，看来最近我的财运都会不好，赶紧烧个香去……

同一件事触发的情绪，是完全不一样的。这是因为每个人的价值观不一样，价值观决定了我们的信念：比如说这件事是对的或是错的，它有没有触及我的底线，我很平和或很生气。

我们的信念是怎么来的呢？

来自成长环境和生活阅历，以及后天修养。

举个例子，假如一个人，在成长过程中被家庭（父母、老人、保姆等）或流行文化（网络事件、电视新闻等）教导：不要轻易相信别人、这个世界有很多坏人等类似的价值观，如果没有遇到好的老师教导正确的价值观，那么他就会习惯对人设防或习惯质疑别人，这个习气养成后，他就很容易认为别人总在质疑他，由此经常产生不安或者愤怒。

比如喜欢质疑孩子的家长，他们的孩子会经常处于不安和愤怒中。

如果一个人喜欢说谎，养成这个习气后，他会经常觉得别人在说谎。比如我看过一个做销售的父母，总觉得自己的孩子说话不真实。是因为她自己的工作需要适当地夸大其词。所以这样的习气让她看别人时，总觉得别人也在夸大其词。

同样的原理，一个乐于与别人分享自己认为很好的产品的销售人员（不是夸大其词地一心只想赚钱），也会很容易被别人销售，很容易相信别人的真诚：因为别人在向他销售时，他会真心认为对方一定认为这个很好才推荐给自己的。

同样是销售工作，用心不一样，生命的感受就不一样，跟钱的多少没有任何关系。与人交往喜欢用心机、用技巧的人，他看谁都觉得不真诚。

所以，我们要转化情绪，其实就是转化我们的价值观和信念。

我有一个直播听众，她跟我分享自己的故事：七八年前，她的先生意外去世了，她独自带着两个孩子艰难生活，感觉自己的人生已经完了。

从她的话里面，我读到了浓郁的悲哀的情绪。

这种情绪我非常能够理解，但是我们的生活总是要继续的，她的孩子也需要她以一种坚强、乐观的姿态跟他们相处。假如她时常流露出"我是为了孩子才活下去的"情绪，她的孩子必然也是非常悲观，不快乐的。

这个时候，我们就要学会从负面情绪里寻找正向价值。

负面情绪里的正向价值

人们有时会把"愤怒""恐惧""焦虑"这样的情绪称为"负面情绪"或"坏情绪"，觉得一定要"控制"或"压抑"这些情绪才更好。

可是，真的是这样吗？

在新冠肺炎的严峻形势下，如果我们完全没有"恐惧""担忧"这些情绪跳出来提醒我们保护自己、保护家人，会发生什么呢？

当我们自己或看到他人遇到不公正的对待，如果完全没有"愤怒"这种情绪出现，来让我们采取行动来保护自己和他人，又会怎样呢？

……

此时你可能已经发现，虽然这些情绪可能会让我们感到"不舒服"，但它们无一例外都在给予我们一些重要的提醒和信息。正如以上提到的"恐惧""担忧""愤怒"一样，所有的情绪都是极为有价值的信号。

这位失去伴侣的女性听众，也许在意外发生前，她是一个事事依赖对方的小女生，但是面对这样的变故，她不得不独自面对生活，她已然开始成长了、蜕变了、强大了。她来我的直播间听课，其实就意味着，她的内心期待新的生活，她需要强大的力量来支撑自己。

所以，当这些坏的情绪来临时，不要回避它，从中找到正向价值！

人的基本情绪有哪些

我们最基本和最原始的情绪是快乐、愤怒、悲哀、恐惧四种基本形式，它们与基本需要相关联，具有很高的紧张性。

1.快乐

愉快和快乐是主要的正性情绪，是为人们带来享受的重要来源。没有愉快和快乐，就没有享乐和享受。这里所说的享乐或享受，是指"心理上的享受"，是指愉快和快乐情绪的体验，最高的快乐是满足和幸福感。

比如一个幼儿园儿童每天把玩具送给邻居腿伤的小朋友，她因而很高兴。这种快乐是一种心理上的享受。伤残者从痛苦中超脱，而以其自身的可能方式帮助他人感到由衷的满足，也是心理上的享受。快乐的程度取决于达到目的的容易程度和突然率，其激动水平与自己愿望满足的意外程度有关。当目的突然达到时的紧张一旦解除，个体就会感到极大的快乐。

2.愤怒

愤怒是个体在遭受攻击、威胁、羞辱等强烈刺激下，感到自己的愿望受到压抑、行动受到挫折、尊严受到伤害时所表现的极端情绪体验。在愤怒时，个体常会出现攻击、冲动等不可控制的言论与行为。

愤怒会使我们丧失理智，做出错误的决定，一步错，步步错，跌入万丈深渊。

3.悲哀

悲哀是个体失去某种他所盼望的或追求的事物时所产生的主观体验。悲哀的强度依赖于自己所失去事物的价值，失去的事物越宝贵，价值越大，就越感悲哀。

一说到悲哀，大家首先就想到林黛玉，她似乎是悲伤的代指，有人喜欢她这一点，有人觉得很讨厌。比如鲁迅先生就说："林妹妹整天愁眉苦脸，哭哭啼啼，小肚鸡肠，我可受不了啊。"

4.恐惧

恐惧是企图摆脱、逃避某种危险刺激或预期有害刺激时所产生的强烈情绪感受与体验。我们为什么会产生恐惧？其实这是长期遗传的结果。人类最初的恐惧，大致有两种，一种是黑暗恐惧，一种是死亡恐惧。

就像一个孩子，被独自关在一间黑屋子中，很自然会哇哇大哭，希望父母来解救他。而死亡恐惧的最好表达，就是在追悼会上。号啕大哭除了对亲人的追思，还有就是对于未来某个时刻、死亡袭来的惊恐。

黑暗和死亡，归根到底都是在人类的主观控制范围之外。这些认识之外的灰色区域，自然被设想成充满着危险和不确定因素。

如何管理情绪

我先给大家讲个故事。

美国一家广告公司的部门经理弗雷德工作一向很出色。有一天，他感到心情很差。但由于这天他要在开会时和客户见面谈话，所以不能有情绪低落、萎靡不振的神情表现。于是，他在会议上笑容可掬，谈笑风生，装成心情愉快而又和蔼可亲的样子。

令人惊奇的是，他的这种心情"装扮"却带来了意想不到的结果——随后不久，他就发现自己不再抑郁不振了。

这就是情绪管理带来的神奇效果。

情绪管理就是用对的方法，用正确的方式，探索自己的情绪，然后调整、理解、放松自己的情绪。我所说的情绪管理不是要去除或压制情绪，而是在觉察情绪后，调整情绪的表达方式。情绪固然有正面有负面，但真正的关键不在于情绪本身，而是情绪的表达方式。以适当的方式在适当的情境表达适当的情绪，就是健康的情绪管理之道。

如李明在公交车上被急匆匆跑上车的乘客狠狠地踩了一脚，怒不可遏，刚想发作，对方说了一声"对不起"。这时，李明忽然想起前几天自己也急匆匆窜上一辆拥挤不堪的公交车，不小心踩了一位时髦姑娘的脚，被她狠狠地骂了一顿，当时自己好尴尬，真的无地自容。

如果李明也像那位姑娘一样骂这位乘客，岂不是也让人家难堪，说不准这位乘客真的遇到什么急事呢。

想到这里，李明情绪一下子舒展了，忙对这位乘客说声"没关系"。

这就是一个非常完整而良好的情绪管理过程。

首先李明被踩了，他感受到了愤怒，因为这时他的信念告诉自己："我被欺负了，我很不高兴。"

这是他识别到了自己的情绪——愤怒。

但是很快对方的道歉，让他能够迅速冷静下来，切换思维，判断这件事的客观性。他联想到自己之前遇到的类似事情，更好地理解这个场合下自己的情绪和对方的情绪。

紧接着，李明给了自己新的解释："对方可能是不小心的，可能是遇到很着急的事。"

这就是一个人通过合理有效的方法，管理好自己情绪的典型案例。

管理情绪，就像运动健身一样，切勿急功近利，好高骛远，唯有日积月累，才能到达彼岸。

在坚持的过程中，你可能会遭受各种各样的挫折，但只要在面对事件时，强迫自己挤掉幻想和事实之间的情绪泡沫，有意识地去调整自己的认知，并通过不断的训练和调整，就可以找到属于你的情绪——自由。

四种心理学上常见的情绪调节方式：

1. 暗示调节

心理学研究表明，暗示作用对人的心理活动和行为具有显著的影响，内部语言可以引起或抑制不好的心理和行为。自我暗示就是通过内部语言来提醒和安慰自己，如提醒自己不要灰心，不要着急等等，以此来缓解心理压力,调节不良情绪。

2.放松调节

用放松的方法来调节因挫折所引起的紧张不安感。放松调节是通过对身体各部分主要肌肉的系统放松练习,抑制伴随紧张而产生的血压升高、头痛以及手脚冒汗等生理反应,从而减轻心理上的压力和紧张焦虑情绪。

3.呼吸调节

这也是情绪调节的一种方法,通过某种特定的呼吸方法,来解除精神紧张、压抑、焦虑和急躁等。比如,深呼吸就是一种有效减缓紧张感的方法。平时也可以到空气新鲜的大自然中去做呼吸训练,使情绪得到良好调节。

4.想象调节

想象调节是指在想象中,对现实生活中的挫折情况和使自己感到紧张焦虑的事件的预演,学会在想象的情境中放松自己,并使之迁移,从而达到能在真实的挫折情境和紧张的场合下对付各种不良的情绪反应。

想象的基本做法是:首先学会有效的放松;其次把挫折和紧张事件按紧张的等级从低到高排列出来,制成等级表;然后由低向高进行想象训练,就能达到情绪改善的效果。

总而言之,想要保持良好的心理健康,情绪调节是一个非常必要的策略。长期压抑不良情绪极有可能诱发心理疾病,就像一个气球,一直吹气终会有承受不住爆开的瞬间。大家在工作和学习之余也要注意合理调节情绪,避免积怨成疾,保持良好的心理健康状态。

允许并接纳负面情绪

我发现一个很有趣的现象，每次接女儿放学时，我听见身边的华人家长和美国家长问孩子的第一句话往往有很大不同。

华人家长常常第一句话问，"今天在学校学什么啦？"（包括我在内）

而美国家长常常第一句话是："How are you feeling?（你今天心情怎么样？）"

随着孩子越来越大，我越发感觉到，孩子的情绪管理才是他们人生第一堂必修课。

因为每个人都需要表达生命的出口，情绪就是其中重要的一种。从某种意义上说，情绪也是一种能量，你不让它流动，它也总要有一个归处。

成年人因为心智相对成熟，有一定能力掌控情绪的流动。但是，因为年纪太小，孩子自我管理情绪的能力有限。

如果父母经常忽视孩子的情绪，不培养孩子合理表达情绪的能力，本该向外流动的情绪无法流露，会让有些孩子选择自我攻击。

为什么有的孩子不能好好沟通，而用强烈的情绪表达自己？因为他们知道，自己说的话，父母经常听不到，或者不以为意，经验告诉他们：只有强烈的情绪才能被父母看见。

而高情商的父母会懂得：孩子不是为了情绪而情绪，他们是为了得到爱和回应。

生活中无论你身在何处，地位如何，总会遇到负面情绪。高情商的人首先会正确认识负面情绪，并正确处理这些负面情绪。

那什么叫高情商？高情商就是避免负面情绪产生吗？

错了，真正的高情商是能够允许和接纳自己的负面情绪，并且很好地化解、陪伴它，最终合理转移这种情绪。

说到这，我想提一下自己的故事。

我的整个家族都是很情绪化的，我爷爷、姥爷常年家暴自己的伴侣。有一次，爷爷跟奶奶吵架，爷爷操起一把剪刀，差点把奶奶刺死。我从小目睹这些，其实也深受影响。因为，我自己也是个情绪化很严重的人。

因为这个，我甚至一度不敢生女儿，我跟我先生说，我希望生出来的是个男孩。不是因为我有重男轻女的思想，而是我害怕女儿跟小时候的我一样情绪化。

一直到现在，我都忘不了我跟母亲辩论的画面。说起来有点好笑，我的口才可能就是跟母亲吵架吵出来的。那时候我根本不能理解她，每次都把她气得够呛，实在吵不过了，她就举着鞋子满院子追着我打，骂我嘴硬。我边跑边大声回她："我是对的。"

但其实我并不喜欢那样的自己，尤其是当我开始懂事后，我发现每一次跟母亲的争执都让我十分痛苦。这种负面情绪让我觉得自己是一个很没修养的人，我会变得更加敏感和脆弱。一直到现在，我自己成为一个情绪教练，一点点通过后天的努力训练自己，我才能在教育自己女儿这件事情上，避免重复这样的错误。

有时候我的女儿会生气，板着脸不理我。

我就会问她："你是不是不开心？因为刚刚妈妈做的饭不好吃？没有及时回复你？还是其他？"

这个时候，我会不断地询问她，帮她解释情绪，寻找这种情绪的来源。最终总会找到她生气的症结所在。

当我找到了原因时，女儿就会说："是这样，我觉得你不重视我，不爱我。"

当她说出这句话时，其实她的气已经没了。因为她没办法理解更多的事情，只是将这种情绪等同于妈妈不爱我。而这件事让她很难过，她没有发现真正让她不开心的是什么。

这个时候，我就会拥抱她，告诉她："妈妈是爱你的。"

面对情绪敏感的孩子，你只要给她这种负面情绪换一个解释，告诉她妈妈是爱她的，孩子立马身体就会变得柔软了，表情也柔和了。因为她的情绪得到了纾解。

你是什么类型的家长？

我们假设这样一个场景：你带孩子去看牙医，接受龋齿治疗，孩子却吓得不肯配合，对家长、牙医拳打脚踢，大声哭喊："我讨厌看医生！我要回家！我怕疼！"

孩子在医院里大声吵嚷，会让家长感到难堪。再瞧瞧其他孩子，安安静静地排队等候，一股无名之火油然而生。

情急之下，四种不同类型的家长会产生不同的反应：

妥协转换型家长

"如果你不哭不闹，像个男子汉一样，让大夫好好检查一下，爸爸答应给你买个游戏机，好不好？"

这种家长会缩小和忽视孩子内心害怕的情绪，迫不及待地将重点转移到其他事物上。对他们来说，孩子的情绪没那么重要，他们对于孩子的情绪不以为然。例如，当孩子疼爱无比的小狗不幸死去，孩子忍不住伤心大哭时，这类家长往往会漠视孩子的情绪，冷漠地说："这点小事都哭，至于吗？"

他们认为喜悦、快乐等情绪是好情绪；相反，生气、愤怒、悲伤等情绪就是不该有的坏情绪，于是极力逃避。在这种教育下长大的孩子，感受和调节情绪方面会表现得比较迟钝。

由于家长不重视孩子的情绪，孩子不但会产生不被他人重视的感觉，而且由于没有正确引导，孩子对于自己正在经历的情绪，也无法分辨对错，于是陷入彷徨和困惑中，一点点失去自信。

同样，孩子也会认为，只要自己大哭大闹，就会得到补偿，于是形成了"只要我哭就有我想要的东西"这种心理，导致恶性循环。

这样的孩子，不能正视自己的情绪，自然也就无法知晓如何调节自我情绪了。那些用暴食或疯狂购物发泄情绪的人大多都是在这种父母膝下成长的。由于无法正视自己的情绪，因此试图用更快捷且简单的方式来转换心情，或者干脆逃避问题。

压抑型家长

这种家长会以一种情绪对抗另一种情绪，故意摆出一副咄咄逼人的表情，严厉训斥孩子。

"哭什么哭，给我憋回去！男子汉怕看牙医，那怎么行？赶紧给我安静点。"

压抑型家长同样不重视孩子的情绪，把悲伤、生气等情绪看作是坏情绪，甚至极力把孩子的负面情绪当成错误。每当孩子有情绪流露时，就会加以训斥，甚至是惩罚。

压抑型家长认为负面情绪是阴暗的，一旦允许孩子产生这样的情绪，就可能会带坏孩子的性格。出于这种担忧，他们会对孩子的情绪进行全方位的严厉管束。

当孩子哭或生气时，压抑型家长会偏执地认为，这都是因为孩子为了达到某种目的而表现出的行为，而不是想着先弄清孩子哭的原因，常常是单刀直入地一句："不许哭！"有时甚至会对孩子大打出手。

在压抑型家长照顾下长大的孩子，自尊感非常低。女孩通常会表现出意志消沉，带有忧郁倾向，且情绪调节能力不足；男孩则具有冲动或攻击性行为倾向，生气时会本能地用拳头解决。他们在成长的过程中，仅因为表露了情绪就受到斥责或打骂，所以也只能用同样暴力的行为来表达情绪。

据研究表明，在压抑型家长照顾下长大的男孩，会更早学会吸烟、喝酒，也会比较早熟，较早地萌发性意识，参与青少年犯罪的概率也较高。

放任型家长

这类家长看不得孩子楚楚可怜的样子，恨不得疼在自己身上。

"要是你实在不想让医生检查，那咱就回家吧！反正这是乳牙，到时候都会掉的，再长新牙。"

不同于妥协转换型家长和压抑型家长，放任型家长倒是能认可孩子的情绪，也不会刻意将情绪划分好坏，对于孩子身上的所有情绪都可以接受和包容。

乍一看，这种类型的父母应该是理想型的好父母。然而，放任型家长顶多止于认可和接受孩子情绪这一步而已。对于孩子的行为，放任型家长并不能给孩子较好的建议，不会为孩子的行为划定明确的界限。

这种类型的家长虽然能接纳孩子的情绪，但对孩子的行为一概称"没关系"，甚至鼓励孩子的消极行为。

在成长的过程中，由于个人情绪得到了尽情的宣泄，因此生长在放任型家庭的孩子，理论上应该能很好地调节情绪。然而，情绪调节只有在意识到行为的界限时，才会变为可能。

如果随心所欲地做出任何行为，家长都视为无所谓，放任孩子，孩子便会认识不到行为的界限，变得凡事都由着自己的性子，以自我为中心，分不清哪些行为才是合理可行的。

由于这些孩子的所有情绪都会被父母接受和包容，因此往往会陷入自我崇拜，凡事只考虑自己的情绪，无法体谅他人，因此在朋友圈里也会显得相当不和谐，甚至遭到排挤。

并且，和同龄人相比，这类孩子会因为心理不够成熟，而感觉自己不如别人，因此会自卑许多。一直以来只习惯于无节制地宣泄情绪，却没有表达和处理情绪的机会，所以解决问题的能力也相对欠缺。

很显然，以上三种家长都属于"情绪抹杀型"，均不可取。

作为家长，不但要理解和包容孩子害怕看牙医的情绪，更应该进一步开导孩子，好让他在今后面临相似矛盾和痛苦时，能够独立摸索出解决的方法来，最终做出最佳选择。

情绪管理型家长的做法

他们不仅能够理解并包容孩子的情绪，还会对孩子的行为划定明确的界限。

"爸爸小时候看牙医也特别害怕，那时我就使劲抓住奶奶的手，心里默数到十。而且从那以后，我每天都认真刷牙，不让蛀虫再侵害我的牙齿。"

告诉孩子，爸爸小时候也同样对看牙医怀有恐惧心理，这就与孩子形成了纽带，再进一步探讨当时是如何克服这种恐惧的，并询问孩子的想法，最后对今后如何积极护齿给出建设性意见。

情绪管理型家长不会把情绪泾渭分明地归类为好和坏。他们重视孩子的喜悦、爱和快乐，同时他们也认为，悲伤、恐惧和愤怒理所当然也是生命中不可分割的情绪。

当父母对孩子的情绪给予充分的理解和接纳时，孩子才能真正地幸福成长，并最终走向成功的人生。

你自己也做不好，凭什么指责我

我女儿特别喜欢哭，但是我先生又非常讨厌她哭。

因为情绪是很容易传染人的，尤其是你没有经过很好的情绪管理训练。所以每次孩子一哭，我先生就会忍不住发脾气。他自己也很清楚这个问题，平时就会跟我说"你不要因为这个生气，我就是为孩子哭这件事烦躁，并不是针对你"。

所以每次一遇到这种情况，我都会安慰这一大一小，将这种负面情绪转化过去。妈妈和孩子之间就是这样，孩子有了负面情绪，统统都送给妈妈，这些负面情绪经过妈妈的加工，变成了积极正面的情绪，然后妈妈再把这些积极的情绪返送给孩子。

而妈妈自己，则需要消化这些负面的情绪。可以说，在一个幸福的家庭里，当妈妈的就是一个情绪容器。在这里，容器不仅仅有包容的功能，而且还可以起到解释性转化的作用。写到这里，我想到有个东西能让我们更好地理解这一容器的概念。那就是净水器或者是过滤器。进来的是不能让人直接饮用的带有杂质的水，只有经过过滤（转化）之后，才能变成可以饮用的干净的水。

一个好的妈妈就是一个好的容器，她可以接纳孩子的情绪，并且把孩子不能承受的情绪命名、解释，再告诉孩子。于是孩子就会明白，原来是这么回事，而不再是我无法处理的一种状态。

但并不是每一个妈妈都能做到，尤其是当其他家庭成员并不能很好地管理自己的情绪时，作为家庭的女主人会很委屈："你自己都做不好，凭什么指责我呢？"

有个女学员就曾向我抱怨说，我就想不明白，为什么老公什么事情都不做还无端指责我，指责我时还理直气壮的，总是鸡蛋里面挑骨头。

她和老公结婚四年，平日里也没有什么大问题，但总有些小摩擦。

她说最大的问题就是，老公总是喜欢鸡蛋里面挑骨头。

前些日子，孩子跟爷爷奶奶回了老家住。晚上，她就在微信上和孩子视频聊聊天，不至于让孩子一天都见不到妈妈。

那天，她点开微信视频想着和孩子聊几句。

结果，躺在沙发上玩王者荣耀的丈夫忽然发飙："都这么晚了还聊什么！怎么还不睡觉？！小孩子这么晚睡影响身体发育怎么办？"

这位学员说，当时感觉懵了一下，还以为老公在王者荣耀里面又被打死了。再看看老公，游戏玩得好好的，瞄都没有瞄她一眼。

这时候，孩子那边的视频接通了，她就只好先和孩子说会话，但是郁闷的心情还堵在胸口。

等视频结束后，她想和老公谈谈，结果老公反而抱怨她，说她不能早点带孩子睡觉，影响孩子长身体。

这位学员觉得老公有点无理取闹，他单独带孩子时不但不能早睡，自己还整天玩游戏。带不好孩子不说，现在还对她鸡蛋里挑骨头，关键是，他指责抱怨起来还理直气壮，头头是道的。

我们古人有句成语，叫贼喊捉贼。在精神分析理论中，这个词语叫"投射性指责"。只有深层次地认识到这种现象本质的原因，我们才能很好地消化它带给我们的负面影响。

什么叫投射性指责呢？

当你对某件让人苦恼的事情负有责任，但是，你通过指责其他人而不必让自己感到不负责或疏忽。

这一防御机制，常常是通过转移视线，试图把黑锅放在他人身上，或者是把本该自己承担的责任投射到别人身上。

于是，我们对自己某件事情、某些方面不满的情绪，也就借此投射到了别人身上。然后对对方进行了加倍的指责和惩罚。

心理学家布莱克曼说："人们用心理防御来把不愉快的感受拒绝在意识之外，防御机制的运作范畴，可以从无害地练习用幽默来掩饰紧张感，到破坏性地攻击一个当前爱的人。"

比如我这位女学员，她的老公会觉得孩子应该要早点睡觉，太晚睡觉会影响身体发育。他都清楚这些问题，但是他自己做不到，如那位女士所说，丈夫平时带孩子都不能早睡，还自己经常玩游戏。所以，他对自己的行为可能感到焦虑和内疚。

这些是自己的责任，也是自己没有做好的地方，但是由此而产生的感受也是很难受的。如果把这些内疚焦虑难受的东西投射到别人身上，比如投射到老婆身上，变成是老婆的问题了。

如果是老婆做得不够好的话，那就没自己什么事了，那自己就舒服了，就不会为自己没照顾好孩子而感到内疚了。所以指责起来就理直气壮了。

生活就像一面镜子，投射出我们内心世界主观的喜爱与厌恶之情。这些情感除了对外在事物的体验外，还有一部分来自对自我的内在体验。于是就会有这样的关系：对外在事物的情感实际上对应自己的主观内在体验。

比如我们讨厌懒惰的人，可能因为我们自己曾经是一个懒惰的人，并且懒惰给我们带来了许多的麻烦，因而讨厌懒惰的自己，讨厌懒惰这种品质以及具有这一品质的人。还有一些人明明自己做事拖拉，但是他们却指责那些做事拖拉的人，虽然他们本身做得不够好，但是拖拉的品质已经让他们难以忍受，恨不得将它从自己身上摘除，因而一看到拖拉出现，就是一副厌恶的表情。

因此当我们指责别人，责骂别人时，我们应该反思是否也在批评自己，不要忘记指责批评的手势里，只有一个手指指向别人，却有三个手指指向自己。

我前面说到，好妈妈是容器，可这个容器并不好做。如同净水器一样，滤芯是有有限的过滤能力的，需要在适当的时候更换或更新。一个要做家庭容器的妈妈也一样，要定期更新容器，保持它那转化的能力，同时自我成长，让自己成为一个更大的容器。

理解别人情绪的来源和本质，能让我们成为一个更大、更好的容器。让自己的意识扩展，就会更加地了解自己，了解孩子，就会把更少的投射带进孩子的世界，你就可以更多地看到孩子本身，以更好地支持、帮助他。

暴力是最深的恐惧

我这个章节里面，想和大家聊点比较沉重的话题，就是暴力。

世卫组织发布的全球估计值表明，全世界大约三分之一（35%）的妇女在一生中曾经遭受亲密伴侣的身体或性暴力或者非伴侣的性暴力。

全球高达38%的妇女谋杀由男性亲密伴侣所为。看到这些数据，我非常痛心。这些年我也一直在关注家庭暴力这方面的问题，我给家庭讲课的目的，就是减少暴力的发生，让更多家庭走上幸福。让更多的孩子减少暴力给他们带来的终身伤害。

为什么我对暴力有这么深的感受，为什么我能理解和同情这些边缘人群的痛苦，因为我也是从中走出来的。我，感同身受。

前面我很多次提到过，我从小生长的环境就是有暴力的，我爷爷年轻的时候对奶奶家庭暴力，到后来我上学了，因为自卑和胆怯，我有好长一段时间，被高年级的男生欺负，被堵在路上，用树枝抽打。那时候只要上学我就害怕，有一种深深的恐惧。而我越弱，似乎坏人就越猖狂，我受到的欺辱就越多。一直到后来我在学校的成绩越来越好，人也自信起来，这种校园暴力才离我远去。

我也是在这个过程中发现，"你越弱，坏人越多"。

只有你强的时候，世界才会公平

这个世界没有横空出世的公平，所谓的公平都是凭着日拱一卒的努力积攒来的，只有持续不断地精进，这个世界才会对你和颜悦色。

因为家境贫寒，岳云鹏很早就辍学到北京打工，洗过厕所、当过保安，最难忘的是一次做餐馆服务员的经历。

那年他15岁，在饭馆做服务员时，因为算错两瓶啤酒的价钱，他被顾客当众辱骂了3个小时。最后岳云鹏掏钱替那位顾客买单，才平息了客人的怒火。随后他也被开除了，花光了积蓄，只剩下绝望。

20多年过去了，岳云鹏提起这段经历说："我知道我应该感谢他，没有他我不会改行。"

那些屈辱的经历，也让他幡然醒悟，这个世界偏向于那些强者，唯有努力跨过所处的阶层，才能有机会被别人优待。

后来老顾客把岳云鹏介绍给郭德纲当学徒。他悟性不好，底子又差，还带着一口浓重的河南腔。别人花三分功夫就能拿下的贯口，他必须下十分功夫。躺在床上、走在路上，岳云鹏嘴里都背着词。同门评说："在马路上你要不认识这个人，你会觉得是疯子，都魔怔了。"

他对别人的评价置若罔闻，继续与相声较劲，拼了命地练基本功，把时间都投在了事业上，一心琢磨相声业务。

事业刚刚有起色时，各种工作席卷而来，岳云鹏一度只想着全揽下。他的经纪人回忆——有工作邀约，哪怕粗制滥造，也都接。因为机遇难得，岳云鹏选择了拼命去学去做。想起那段摸爬滚打的经历，他想起弱的时候，根本没有权利选择过自己想要的生活，唯一的选择是被迫谋生。

唯有褪去那一身锈，搭建起一道梯子，打开向上通道的出口，不断往上爬，自己才有底气去追求想要的一切。

从平庸中抽离出来，给生活一个坚实的保障，蜕变成强大的模样，全世界都会为你让路。

我非常喜欢的一位女歌手蕾哈娜，也是通过不断的努力，战胜对暴力的恐惧，赢得闪光人生的。对我而言，她已经不仅仅是一位歌手或者商人这么简单，她在大跨步地成为全球女性力量的精神领袖。正如她说的那样：They are making history.

蕾哈娜出生于东加勒比海一个叫做巴巴多斯的国家。母亲是来自南美洲法属圭亚那的会计，父亲则在一家服装厂担任仓库管理员。蕾哈娜的父亲是一个酒鬼，常常对她的母亲施暴，由于不堪忍受丈夫的殴打，在蕾哈娜14岁那一年，母亲选择与丈夫离婚。但她又因为肤色相对黑人较白并且家庭贫困而成为校园中被霸凌的对象。

但她没有选择懦弱与逃避，而是大胆地还击那些欺侮她的人，并因此在校园中名声大噪。从那之后，如你所见的那样，她释放出了自己的才华和天赋并遇到了自己的伯乐，从此一发不可收。

一次偶然的机会，她被美国著名音乐制作人发现，最终由美国著名说唱歌手Jay-Z包装，成为美国最炙手可热的歌手之一。从饶舌到舞曲，从流行到R&B，她获得了7座格莱美，9座全美音乐奖，4座全英音乐奖，22座公告牌音乐奖杯，她的音乐天赋，让她成为美国家喻户晓的人。

从原生家庭不幸的贫民窟女孩，到全球最会赚钱的女歌手，创建自己的时尚帝国……可以说，蕾哈娜是很成功的。

但我最欣赏她的，是敢于对暴力说不！

绝不向暴力屈服

暴力犯罪无时无刻不在发生，在我们的社会阴暗的角落里，人渣和罪犯随时蠢蠢欲动，希望将暴力发泄在普通人身上。很多人喜欢用"这件事还没发生在我身上"来自我安慰。

一旦触目惊心的犯罪事件出现在公众讨论中时，我们最先想到的是"我"应该如何避免或者应对这类事情。很多女性在看到其他女性同胞被家暴、被性侵时，她们会有"是这个女人不会看人，交错了男朋友，嫁错了男人"或者是"晚上不独自走夜路，随身携带防狼喷雾，穿着保守"等想法。

这样错了吗？我不能说她们错了，毕竟如何保护自己是很宝贵的生存经验。但这在很大程度上是在承认一件事情：我们天生是受害者，犯罪分子的存在是合理的。

简而言之，我们的恐惧取代了愤怒。

于是很多女性朋友，明明身处暴力中，却无法抽身出来。

有些人经常对受暴者不离开家庭感到不可思议，电影中的受家暴迫害者李慧兰是这么说的："我不能离开，上次离开，他被领导问话，我怕他会丢官，我走了，女儿怎么办？已经十几年过去了，我不会有事的。"

我觉得她的回答颇具代表性，女人的个性特点往往是温柔和善的，在人际关系里，首先考虑的是他人的需要，其次才是自己的想法和感受。

特别是在自己有了家庭之后，自觉维护家庭和谐、保护丈夫的名誉和前程、尽可能给孩子一个完整的成长环境，就成了为人妻为人母的责任与义务，把他人的重要性远远放置在自己前面。

于是，百般忍耐丈夫对自己的暴力就成了女人不得不去完成的任务，哪怕是身心受创，也会选择拒绝旁人的劝告和帮助，试图用自己一个人的力量苦熬度日，倾向于被动认命。

更为可怕的是，这些受到暴力胁迫的女人可能会因为求助不及时，被男人打残或打死。

北京年仅26岁的女孩董某被家暴致死案曾轰动全国，她在结婚后的第10个月，被丈夫殴打，失去生命。

在生前，她曾经向亲人求助，也逃跑过，八次报警，也没能阻止悲惨的命运发生在自己身上，被丈夫发现行踪，带回家之后，遭到几次暴打，最终因伤势过重，没有抢救过来，失去了年轻的生命。

被暴力对待的女人，会感到愤怒、委屈、恐惧和焦虑，往往这些负面情绪会被压抑下去，面对家庭暴力的关键在于阻止暴力的发展，特别是要引起对第一次暴力的重视。

男人在第一次动手打人之后，内心会矛盾不安、充满愧疚，如果这个时候，女人为了少挨打，迅速认错，男人就会形成女人本来就是该打的错误认识。

我想提醒各位，对于女人来说，在遭受男人暴力对待的时候，态度一定要鲜明，明确告诉他："我绝对不允许你打我"，而不是急于缓和关系，在自己身上找错，一定要让他反思自己的行为，吸取教训，让男人感觉到女人是不可侵犯的。

在日常争吵中，当情绪难以控制时，女人要学会叫停，告诉对方，让对方离开，或者自己转身出去，让自己深呼吸、快步走、拨打公益热线电话倾诉等，这些都是让暴力情绪降温的有效方法。这些都是女人面对暴力时自信、勇敢、有力量的表现。

真正让女人无助的是把暴力原因归咎为女人自身的问题，认为是女人喜欢受虐，让女人陷入百口莫辩的处境，从而失去对求助体系的信任，变得被动认命。

我深切地明白，在当前环境下，女人反抗家暴是艰难的，暴力绝不是个人原因造成的，而是不平等的性别文化机制导致的，需要引起全社会的重视，需要提高大众对家暴的认识。我也在这里呼吁所有人，还给我们女性同胞一个没有暴力的世界，让男人和女人能够共同和谐发展。

第四章 我的内在力量

绘制你的能量曲线图

我的声乐老师今年五十多岁了，但是她的精神状态特别好，很少生病，任何时候见了人都是笑容满面，隔着老远就会叫我的名字："明坤，你来了！"她身上那股热情和朝气特别感染人。

她就是那种自带光芒的人，犹如一种磁场，给对方的心灵以强大的吸引力。跟她这样的人聊天，会兴致勃勃，意犹未尽，就算是阴天，心里也装着太阳，令你容光焕发，信心倍增，感受到人性的光辉和社会的美好。

像这样的特质，我称之为一个人身上的能量，我声乐老师这样的人能量就非常足。一个闪光的女性，她不是在管理自己的时间，而是在管理我们身上的能量。要管理能量，最应该了解的第一个问题不是怎么管理，而是能量本身应该是什么样子的。

你有没有想过，如果对你过去小半生的能量做一个记录，画出一个图，会是什么样子呢？

读到这里，你可以拿出一张白纸和一支笔，来绘制你的人生成长能量曲线图。横轴表示时间，竖轴表示我们的能量等级，可以是1—10。从你有记忆开始，每一年的能量值最高点标注出来，最后连成线，你会看到一张起伏波动的能量曲线图。

这个实验，我在课堂上给我的学员做过很多次，每个人的能量曲线都是不同的，就像每个人的指纹一样。

画完之后，我会让我的学员思考：你这样画的标准是什么呢？为什么这么画？关键词是什么？

我发现不同的人，他判断能量高低的标准都是不一样的，有些曲线起伏很大，有些很平。在不同时期，我们对能量的标准也不一样，所以在能量上我们很难一概而论。

有的人希望自己的能量曲线很平稳，平时吃饱睡好，生活别出乱子跟意外，省着点用就好，保持自己的能量，只有在需要特别提升时再使用，并且用完立马再补充能量。这样也是很正常的模式。

此外，很多学员给的关键词都不一样，但是有很大一部分是具有共性的：兴奋、快乐、激动、高兴、激情、平静、充满自信等等。

在上万次的测试中，我发现，能量最高值里面的"被认可"是出现频率最多的，尤其是来自外界的认可，对她们的影响最大。这也是我为什么要做赞美文化的初衷，只有帮助大家挖掘出我们内心的能量，才能成为更好的自己，才能获得更高的能量场，而不再是依靠外界认可获得力量。

那么是不是我们的能量一路昂扬向上就是最好的呢？也并不尽然。你的能量曲线还可能因为一些重大事件的冲击，再次跌破底线。比如说自然灾害、重大事故、重要的人出状况、自己大病、亲人离世。甚至对一些人来说，结婚、生娃也是冲击，中年危机、退休、更年期也是冲击。在这些冲击下可能会再次经历新的谷底。

在新的波峰，拓展人生的境界，去实践使命，做更复杂更难的事情，享受人格上更大的自由度。在新的谷底，我们也要保持着谦卑的心对待生命给予的苦痛，并等待我们爬上来的时候将其视作礼物。

能量高的时候，自己的状态

你可以对照这个能量曲线图，回忆一下，自己能量最高的时候，是一种什么状态。有的人会认为是自己最自信时的状态，有的人会觉得是自己最忘我时的状态。比如一个人上了舞台，他完全忘了自己，自信而充满激情地演讲，并获得台下观众掌声的时候，他觉得自己是能量最高的状态。

有些人会提出，自己在工作时的能量场最高，我就会引导他："在你过去的工作中，什么时候、什么阶段你的状态最好？举三个例子分析一下是什么原因让我们满怀激情？"

通过不断提问，不断检验，我帮助学员总结出一个规律——当他被信任和欣赏，遇到挑战和机会，不断自我鼓励等状态时，他的能量是最高的，他的状态是自信、充满激情和快乐的。

能量的自我评价

假如按照1—10分的标准打分，你会给现在阶段的自己打多少分呢？

你可能给自己打1分，也可能打10分，但是这些分数并不一定能非常客观地表示我们当下的能量状态。因为每个人对自己的标准都不一样，一个给自己打比较低分数的人，也有可能外界给他的分数会很高。

比如我给自己打分，最多也就是7分左右，因为我觉得未来无限可期，我还可以做得更好。但是很多人会给我打10分，她们会说："明坤老师，你什么时候都跟打了鸡血一样，热情满满，脸上总是带着笑，眼睛瞪得大大的，你的能量很高！"

所以，要更好地认识我们的能量，我们需要问自己两个问题：

1. 能量低的时候，自己的状态与情绪？

比如我每次生理期的时候，整个人的能量就会比较低，我会给自己化个淡妆提神。这个时期我的情绪易怒，浑身放松，脑子运转也会比较慢，说话语速会比平时慢，身体容易疲倦，没有性欲，我可能在面对朋友的时候，更多的是一个聆听者的状态等。

2. 能量高的时候，自己的状态与情绪？

比如我准备给学员上课了，那这个时候我是积蓄了满满的能量，我走路是昂首挺胸的，充满自信，我的语气会变得坚定而充满激情，我整个人也是在一种自信、快乐、富有爱这样的状态中，去和我的学员做交流。

提升能量的几个外在因素

我们的气场由外在和内在两部分组成。外在因素是非常直观，一目了然的，主要体现在眼神、语气语调、头部姿势、手势、走路姿势、身体姿态等方面。我们完全可以通过外在因素的改变，来获得能量的提升。

眼神：一个自信的人，能量足够强大，眼神果敢坚定，目光炯炯有神，与任何人沟通交流都能够与对方的眼睛直视。反之，内心缺乏自信，或者自卑的人，目光游离不定、暗淡无光，不敢与人的眼神正面交锋，闪躲，飘移，不安。

很多人觉得一个人的体形、体重也很影响能量，比如高大的人能量场就更大。其实不然，我曾经花了五十多天减掉将近四十斤的体重，但是我的能量丝毫没有受影响。一个人的眼神在能量场的体现上才是十分关键的。

语气语调：能量场强的人，说话语气落地有声，坚定无比，给人以信任感，具有感染力，而不是唯唯诺诺，说话犹豫不自信。

头部姿势：当你能量场不够强的时候，可以尝试多点头，点头能快速消除我们不好的情绪，让倾诉者得到尊重，使得我们的沟通更为顺畅。我在倾听学员说话时，几乎从不使用摇头这样的否定肢体语言。

手势：我平时说话手势比较大，向外张着，以打开的姿态来辅助我的语言。你可以尝试在说话时肩膀放松，胸部以上做大手势，更具有力量感。

走路姿势：能量场高的人走路都是昂首挺胸，既不是小碎步，也不是慢吞吞的。曾经有一个四十多岁的老板跟我学习领导力，跟我请教思维方式、能力培养等，我说你先从走路开始吧。因为从他进门的时候，我就发现这个中年男性走路是猫着腰的，说话是习惯性质疑、扬声调的，身体也不挺拔，那他这样的状态，要去带领一个团队，其实是有困难的。

一个月的学习训练后，这个老板的变化很大，不论是走路还是说话，都得到了很大的提升，他非常开心，这也让我坚定了自己的心——要做帮助人成功的事业。

身体姿态：昂首挺胸！这四个字，非常重要。

内在拥有，外在成为

我经常跟我的学员说，内在拥有，外在才能成为。

一个人的能量，常常能决定事情的发展方向，在这个社会上，具有更多话语权的人，一定是能量高的人。

你带着不同的感觉与状态去和客户谈生意，所得到的结果也是不一样的。当我们能量低的时候，会发现很难顺利签单，总是遇到障碍，可能在见客户的过程中有障碍，交流的过程中也不是很开心，没有达到自己想要的结果；当我们的感觉和状态很好的时候，我们去见客户，可能你还没联系他，他就主动和你联系了，可能你还没有花很多时间，很认真地向他介绍自己的产品，他就主动想与你合作，想与你签单。

所以，我时常说做事情和赚钱看的是做人，还可以说得更核心一点，所谓的做人就是能量，当你能量高的时候，人们都想靠近你，因为感觉很好，很舒服，因此我们终极的是在和能量打交道，而不是某一个人，当你能量高的时候，所有美好的事情都会自动地与你对准，而且是轻松不费力的。

所以，提升内在能量是非常重要的事。我所创建的赞美文化，就是帮大家去找到为什么你的能量有高低，它背后的原因是什么？

影响能量的因素——肯·威尔伯四象限

我很庆幸自己可以镇定而自在，不会因为自卑而拒绝体验新的事物。拥有强大的能量，它让我不再执迷于自我的渺小而被排斥在热闹之外。

其实，我小时候根本不是这样的。我很胆小，典型小地方长大的女孩性格，不敢在公众场合说话，也不敢轻易表达自己的想法，甚至面对面和老师说话，声线也是颤抖的，更别提要把我放在众目睽睽之下——我总是避开别人的目光，低着头，尽力融入群体之中，"千万别看我""千万别让我说点什么"是我长久的祈祷。

那时候我一个人常独自去上下课，总是要经历和人潮面对面的情景。孤身走在校园中，一大批人走过来，就像恐惧的波澜渐渐将我吞没，我该怎么走，我该拿出什么表情，是满不在乎还是微笑？这种恐惧，让我把头埋得更低了，而坐到了课堂上，我又听见了自己发抖的声线。

一直到初中的时候，我才开始改变，因为我唱歌很好，于是多了很多上舞台的机会。但我还是很害怕，而且处于青春发育期，我的胸比较大，走路总是含着胸、猫着腰。合唱的时候，我的音乐老师就会时不时拍我一下，把我推到舞台中央。渐渐地，通过长期的训练，我学会了昂首挺胸走路，宛若模特。而这些，好像也在无形中影响我的能量场。

这是为什么呢？到底是什么在影响我们的能量？

下面我就要给大家说说，影响我们能量的因素——肯·威尔伯四象限。

肯·威尔伯是美国著名心理学家、整合学家。他所提出的理论中，被引用最多的就是"四大象限"理论。"四大象限"理论是他描述万事万物有力的新工具之一。

肯·威尔伯四象限理论含广度、深度和高度于一体，立论严谨、推理严密，无所不包、无所不含，又一无所漏。既具有宏观、整体性的展现，又兼顾微观、局部的描述。他的这个理论，对我的世界格局影响特别大，让我受益匪浅。

在这里，我也想分享给大家，可能偏于理论化，但对我们的能量的理解和提升非常有帮助。

这应该是对于我们能量影响最关键也是最全面的因素，这四个象限分别是：外在、内在、关系、系统。

外在

个人的外在，包括：

①身外之物的延伸：头衔、身份、名誉、地位等；

②身外之物：山水湖泊、大地，国家、地区、城市等，通常说的大环境；

③财富、资产：金钱、房子、车子、物资等，个人环境层次；

④身体：身高、体重、外貌、精力、健康程度等；

⑤行为：做什么、不做什么，速度、数量、效益；

⑥语言：说什么话，正面？负面？准确性？有效性？优美程度？

⑦能力：专业？技术？经验？

内在

个人的内在，包括：

①能量：冲动、性冲动、性能量、能量；

②感觉：本体感觉、知觉；

③情绪：喜、怒、哀、惧，委屈、伤心、感恩等；

④情感：安全感、尊重、爱、归属、肯定；

⑤意象：表象系统（视觉、听觉、感觉）、符号、表征，经历和体验；

⑥概念：文字、词语、句子、语言；

⑦信念：价值观、规条，想法、看法、观点、评价；

⑧身份：我是谁？对自我的看法、对他人的评价；

⑨格局、境界。

关系

任何一个人，都处于比他更大的系统当中（比如家庭系统、工作单位系统、社会系统、民族/国家系统等），是组成系统的一个部分，都受到系统对他的影响，包括受到系统"内部"的影响，也即受到系统文化的影响。

文化最主要的是体现在个体之间的关系，人与人的关系。比如说：亲子关系、两性关系、同事关系、朋友关系、社会关系。

①与自己的关系：外在与内在的关系、语言和行为的关系、行为和感觉的关系等；

②亲子关系：与父母的关系，与孩子的关系：和谐？亲密？疏离？排斥？

③两性关系：异性朋友、情人、恋人、伴侣：和谐？亲密？疏离？排斥？

④同事关系：与上司、与同级、与下属的关系：和谐？正常？顺畅？疏离？

⑤朋友关系：战友、同学、闺密、死党：数量？容易发生的程度？质量？品质？

⑥社会关系：对其他人事物的评价、关心、爱憎程度；

⑦世界关系：对其他民族、地区、国家的影响力、关注、关心程度？

系统

文化也受到系统"外部"的影响，比如：地理位置、系统的形式、结构、制度、规则，所使用的工具，生产力和生产关系等：

①地理位置：在什么地区、什么国家、什么环境；

②系统的结构：由哪些类型的人组成？

③制度、规则：遵循什么组成原则，大家的约定规则是什么；法律、法规？

④工具：使用的最重要的工具是什么；

⑤生产力：最主要的技术是什么；

⑥利益相关性：薪酬制度、利益分配的原则；

⑦生产关系：权力的制约关系、人与人的关系。

由四象限理论推导出的规律

1. 看一个人，要看他的四个象限，这才具有足够的广度、深度和高度。

2. 四个象限会相互影响：外在的成分，会影响内在；内在的成分，反过来也会影响外在；个人受到系统的影响；反过来，系统也会受到个人的影响。

3. 各个层次会相互影响：身体会影响行为、说话，行为会影响结果；冲动影响能量，能量影响情绪，情绪影响情感，情绪影响信念、价值观，情绪会影响行为等；地理环境影响地域文化，工具的发展影响文化的诞生，文化影响制度，制度反过来又会影响文化。

第五章 我的关系

亲密的关系

人与人之间的关系有一个很微妙的地方，无论你认为对方是什么样的人，他就真的会成为那样的人，甚至无论你如何看待一件事情的好坏成败，这件事也就会按照你所预期的方向发展。这在心理学中叫做"罗森塔尔"效应，或者叫"自证预言"。

比如，一对男女在谈恋爱的时候，如果一方心里总是觉得自己配不上另一半，就容易变得敏感，过度紧张和看重这段关系，恋人一个不经意的举动就怀疑是对自己不忠，开始严防死守，不给对方适度的空间和自由。可爱情这东西就像沙子一样，你抓得越紧就越容易失去，结果还真就分手了。

当我们自以为某人对自己怀有恶意时，就算是对方的一句真诚问候，在我们听来也会是冷嘲热讽。自恋是人的本性，在潜意识里，每个人都希望别人称赞和肯定自己，而且越是重要、关系越是亲密的人，影响就越大，特别是在你还比较弱小的时候。

但其实，最亲密的人和你之间的关系，就是你和自己的关系。

爱你就像爱自己

我先生经常跟我说的一句话就是："我有时候不是烦你，是烦我自己，讨厌自己。"我们在一起二十多年，对彼此的态度，其实映射的就是"我和自己的关系"。

很多时候，我们对待自己，往往就像敌人一样，百般苛刻刁难，以至于在生活中造成那么多的分裂、压抑、痛苦和纠结。我们给予最亲关系的那个人，也是同样的感受。

如果我们想要爱与信任，一定要看到自己本来就拥有这些特质，然后去给予别人。比如，无条件地接纳自己，欣赏自己，爱自己，支持自己。不再批判苛责自己，接受每一个不同面的自己。不要求自己"完美"，每做一件事都对自己无尽呵护，百般赞美。根据吸引力法则，你越是这么做，你身上的光芒点就越多。而这些，你也同样会给予到最亲的人，真正做到"爱你就像爱自己"。

这二十多年，我跟我先生，从高中时候的一见钟情，到现在组建家庭，生儿育女，其实也遇到过无数的问题，有过各种争执，甚至也无数次产生过离婚的念头，但最终，我们还是解决了这些问题。

高中的时候我父母就离婚了，那时候我就暗暗告诉自己，以后我一定不要跟自己爱的人分开，一定要努力去经营这样一份关系。有人说，老一辈与年轻人在婚姻观念上的差异特别明显："以前东西坏了，都是拿去修；现在东西坏了，都是拿去换！"

其实，婚姻的问题总是相似的，不管你选择谁，都有一样的问题产生，如果不去解决它，而是一味逃避，我们永远都会被困在问题里。

接纳对方与你的不同

虽然我们每天都在说，要找跟自己三观相似的人，但是世界上肯定没有完全相同的两个人。我们只能说分歧不太大，三观不完全相反。

每对恋人或者夫妻都会有不同的地方，比如三观相似了，但性格不同，性格相似了，生活习惯也不同。而这些不同，就是考验我们情感深度的存在。

我和我先生高中第一次相见时，我就觉得自己将来一定会跟这个男生发生点什么。而他对我也是同样的感受，甚至晚上经常会梦到我。

我们毫无悬念地在一起了，但是在一起后我才发现，我们完全就是两个不同的人。

我的性格像个男孩子，大大咧咧的那种，我对待人和事都是喜欢用鼓励的方式，六年前我创建了赞美文化，就是希望可以帮助到每一个人发现和成就最好的自己。遇到事情，我倾向于看未来的可能性。

我先生就是我所有这些面的对立面。他非常细心、严谨，喜欢先看问题，喜欢质疑。我有时会被他气得大哭，但第二天我出门时，他还是会把擦干净了的鞋子递给我。跟他在一起二十几年，我所有的鞋子都是他给我擦干净的！

包括家里各种大小事，邮寄东西，买菜做饭，购置生活用品，修车、给车加油，孩子的生活等，我从来没有操心过。这些年我不断地花时间学习，他从来没有反对过我，而是用行动默默地支持我，让我安心在梦想中翱翔。

我需要赞美和拥抱，他很少给我，但是他爱我，只是爱的表达方式不一样而已，他更愿意去做实事。每每两个人发生争执，我就会提醒自己，我先生是不可多得的善良的人，他是用行动来表达爱的。

我回忆刚开始在一起时，其实挺多人不太看好我们，甚至连算命的大师都说我们早就应该离婚了。他眼睛很小，鼻梁高挺，像韩国欧巴，我们高中时，东北人的审美都是大眼睛双眼皮才叫好看。但我对他无法自拔。

18岁那年，我们刚去北京，生活过得很穷，因为两个人家庭条件都不好。我们彼此之间完全是因为爱情在一起。有人就好奇，明坤你那么漂亮，怎么完全不考虑物质就死心塌地地嫁给他？我说，因为爱他啊。

我一贯都是很自信的人，从来没想过要靠原生的家庭和夫家来改善自己的生活。而我先生其实也是非常大气的人。我父亲和我们在一起生活了十几年，不熟悉我们的邻居，都以为他是儿子，我是儿媳妇。

尤其是我弟弟，比我小十岁。我父母离婚的时候他才8岁，可以说是我先生跟我一起把他带大的。后来我弟弟参军，他也隔一段时间就买些东西过去看他，就当成自己亲弟弟一样，给他如父如兄的爱。

他的这份善良，是我最感恩的地方。

我想，这也是为什么我们在一起到现在的原因：善良与付出，千金难换。我们，像爱自己一样，爱着对方，也接纳对方的不同。

性格不合永远只是借口

很多的两性关系不好，都源于"我和自己"的关系处理不好，甚至不能接纳自己的某些不好的地方，于是转而指责对方身上不好的点。当对方改变不了的时候，就觉得对方不够爱自己，然后会因此慢慢破坏掉彼此的感情，从而走向分手，并且理由是性格不合。这其实完全就是借口。

因为，你们最终会发现，即使离开了一个性格不合的人，也不可能真找到跟自己一模一样性格的人。

后来遇到的人，也会有很多地方跟自己不同。只是你发现，渐渐改变的是自己，变得包容，变得多了很多耐心。

你不会再试图改变他人每一个跟你不同的地方，而是去适应对方那些与你有差异的地方。又或者，你因为喜欢他爱他，所以就尊重他跟你的那些差异，尊重他那些跟你不同的习惯和想法，尊重他跟你不同的兴趣和爱好。因为你逐渐明白了：真爱一个人，就是要接受他那些与你不同的地方，而不是到处去寻找跟你相同的地方。

当我们完完全全接纳并且喜欢上自己，我们就不会再在外面寻找认同、信任、理解、支持、同意、爱和欣赏，因为我们内在已经有了。所以，在这个关系中我们能够享受并分享它，而没有恐惧。我们会通过觉察别人带给我的感受进而觉察自己内心的匮乏，而当我认出自己本来就有这些品质，并且去给出这些品质，外在就会看到我们身边最亲近的人的这些品质。

能量总在扩张，我们内在给出的能量也将扩张。所以，你和最亲的人的关系，其根源就是你和自己的关系。

世上没有永久的婚姻，只有共同成长的夫妻

在一期《新相亲大会》中，有个男嘉宾谈及自己的上一段感情，表示分手的原因是因为女生不停地逼迫着他去进步，不断地让他考取各类执照。他觉得这样让自己很难受，而且女孩子的做法更像是为了自己"将来可以通过更优秀的他获得更好的物质生活"。

这期节目一播出，引发了很多人的讨论，因为它涉及一个很核心的问题：伴侣一心想当咸鱼，我该不该去鞭策他？

很多人的看法对此不一。有的人说：你确实需要进步啊！但不是为了我。因为每个人都必须要进步啊，我前进了，你不前进，我们就不在一个水平层面上了，怎么交流呢？也有人说：一个真正负责有独立人格的男性应该是自己知道上进的，而不是靠女孩子不断去催促。

在众多评论中，有位朋友的看法我最认同：另一半不停逼着你进步，那是因为怕路上跑着跑着发现爱人掉队了，想坚持跑下去却发现身边是其他人。毕竟没人敢说永远不会对马拉松途中给你递水的人动情。

因为，一段好的婚姻不仅仅是包容和接纳对方的所有，自己也要跟着婚姻一起改变、共同成长。

这世上，没有永远的婚姻，只有一起成长的夫妻。

一段婚姻中，无法共同进步的夫妻，终将有一个被淘汰。

每一段关系，都会让人成长

走在婚姻的路上，每个人或多或少都经历过不止一次感情，很多人内心都有不止一次的感情伤痛，也许是一次失恋，也许是一次单恋未果，也许是婚姻离异，也许是长久追求后的失败。所有的这些经历，其实都会给人带来一些改变。很多人，在一段关系中，都会被动成长，也有人选择主动成长。

前面我提到，我父母在我高中时离婚了。现在他们彼此找了新的伴侣，过得比以前更幸福。其实，并不是所有面临破裂的婚姻都需要挽救，但这段经历，一定是会给人带来成长的。

离婚后，我父亲又找了四个媳妇，在这个过程中他成长了很多，现在的阿姨出现的时候，爸爸眼睛里冒着光，他们俩都是对方一直要找的那个人。两个人感情非常好，彼此关心、彼此照顾。

以前，我父亲是一个不懂得关心人的直男，也不会欣赏自己的伴侣。就像曾经我妈妈就是个特别能干的女人，但是我父亲很少给她肯定。现在父亲变了，他懂得了欣赏伴侣，也一点点学会了疼爱她。这都是过去失败的情感经历教给他的。

我母亲和我继父关系也特别好，继父是在跟前妻分开七年后，才遇到我母亲，并跟她重新组建家庭的。他们俩在一起后，我发现母亲变了，她原本是一个很要强的女人，喜欢嘟囔，但是现在不会了，反而是有了一种小女人的姿态，会赞美自己的丈夫，她越表扬我二爸，二爸就越贴心地照顾她。

他们两家现在都是我们的榜样，这大概就是成长的力量。世界上没有白白浪费的情感，人生中每一段感情都是一段经历，一段关系的结束，总能得到成长。但是选择主动成长，是需要智慧的。

你可以成长，但不要期待对方改变

有一次，我和先生一起散步，突发奇想地问他：从男人的角度，你对亲密关系哪方面的话题感兴趣？

先生说：我觉得吧，所有家庭幸福的男人，都不会对这感兴趣，过好日子就够了，哪有天天去琢磨自己女人的。你看网上的文章大多都讲如何改变男人，却很少讲如何改变女人，因为男人大多没这心思。

这让我想起之前看过的一个观点：在婚姻中遇到问题，女人要做出离婚的选择是痛苦的，因为要担心孩子和未来。不离婚也是痛苦的，这意味着有漫漫长路要走，但这几乎不需要做任何改变。所以想办法改变男人，是她们本能最想找的捷径。但最近的路，却往往是最远的路。很多女人正是因为走上这一条路，才会对自己和男人彻底失望。

有一天，你会发现：不管接不接受，婚姻就是那个样子。当你放弃去改变一个男人时，婚姻对于你而言，才开始有不同的意义。

我和我先生在彼此都很小还不懂爱的时候就在一起，之所以现在还在一起，是因为我不断地学习，不断做出改变、调整、影响和适应跟对方同行的步伐。即使有时候可能对方没有做出改变，我也愿意等待他，慢慢来，用自己的行为影响对方，这样我们之间的差距一直都不会很大。

你要认清楚，改变是自己的事，不要太着急。

不要用自己的改变，将它变成压在对方头顶的期待。

很多人就不懂了，甚至很委屈：婚姻是两个人的事情，凭什么就我成长而对方无动于衷？你得想清楚，在婚姻中你选择主动成长的目的究竟是为了什么？是希望对方改变呢？还是更愿意反思自己在婚姻中的角色与问题从而做出调整？

我这么多年一直都是把时间和心思花在事业上，一直到我跟我先生之间出现了情感危机，我才开始反思：我对他的关注和爱太少了。而我依旧是很爱他的，那我就要做出改变，让他感受到我的爱。这种改变，是我发自内心地想去创造一种爱的环境和感觉，让我先生感受到温暖。

但是，如果认为自己改变了对方一定就得改变，这种改变是带有交换性质的改变，成长本身就是令人质疑的。这与父母经常觉得"我为孩子付出了这么多，孩子应该听话"的逻辑是一样的。

通过跟很多学员的交流互动中，我发现只要是带着这样的动机去付出或者改变的，一般眼睛还是盯着别人，只要对方没有如预期进行相应调整马上就会受挫，从而恰好验证了对方觉得你是通过演戏从而想达到控制他的目的的猜想。所以，对于一段已经问题频发的婚姻，重建信任是改善关系的第一步，但是，任何带有操纵或者交易目的的"成长"是很难赢得对方信任的，所以，你带着对别人改变的期待，多半会落空，也很难开心。

如果你的期待能够从"被认可"调整到"被了解"，很可能对方的保护层也会逐渐地松动，爱情的种子又开始悄悄萌芽。

慎独才是真正的自律

我有一个习惯，每次离开酒店时，都会把床铺整理一下，把摊在桌面上的东西整理好，尽量把房间恢复成我进来的样子。

其实打扫房间的阿姨，永远也不知道这个房间到底住的是谁，也没有人去监督我要求我这么做，但这是我的自我要求，无论有没有人，我都这么做。

一个人在没有人监督，自发自愿保持个人高尚的道德品质，在能做各种坏事可能性的情况下，不做坏事，在能不做各种好事可能性的情况下，仍然做好事，这就是慎独。

我跟一个朋友说：慎独的人非常了不起。朋友说：有什么了不起？慎独不就是自律吗？我回答：不对，慎独比自律更高级。比如，你每天早上坚持7点起来跑步，坚持了很多年，没有人督促你，你坚持做一件事情这是自律，自律是克服人性的懒惰。但是慎独境界更高，慎独是无论何时何地，始终如一地约束一个人的言行，保持高尚的品德。

而这种品质，在夫妻之间是最难能可贵的。

因为两个人迈入婚姻之后，在彼此面前呈现的是我们最真实的样子。那个在外面温文尔雅、知书达理的人，也可能在伴侣面前是没有尊重、脏话连篇、生气时手指着对方大声说话、越来越少沟通的样子。

我们判断一个人有没有教养，不是说他在外面如何世故圆滑，把事情处理得滴水不漏，而要看他是不是懂得善待身边的人。把自己的包容、友善、尊重、耐心悉数交给亲近之人。

有个离过婚的学员，在提起她前夫的时候，总喜欢用两个词：表里不一、人渣。

她前夫在外面对人特别谦逊有礼貌，做起事情也很周到，认识他的朋友从没见过他发脾气，甚至连抽烟、喝酒这样的事他都不做。当初这位学员就是因为看上了这一点，才嫁给了他。然而一回到家，他整个人就性情大变。

抽烟、喝酒、摔东西、指着老婆的鼻子破口大骂……

两个人结婚第二年的时候，学员怀了孩子，结果有一天她前夫醉醺醺地回到家里，二话不说就把她推在地上，骂了起来。

"每天老子一回来，你就摆着一张臭脸，给谁看？！"

等前夫发完脾气回到卧室后，她忍着剧痛，打了120。

"但为时已晚，孩子没了。"

这件事过后，前夫跪在地上和她再三道歉，但这位学员没有一点犹豫，选择了离婚。因为一个人在最亲近的人面前的样子，暴露的就是他最真实的教养。一个总是人前客气，人后粗鲁，对他人宽容，却对自己人刻薄的人，一定是个没教养的人。

很多人，常常把自己最好的一面留给不重要的人，对自己最亲近的人却毫不顾忌形象，滥用坏脾气，还美其名曰："自己最亲的人才敢放心骂，因为怎么骂，对方都不会离开你。"

我曾经放纵自己体重到145斤，对于我才160厘米的身高，已经是肥胖了。但是当时我并没有觉得难看。

后来我去做课程讲座，我的合作伙伴说："不行，明坤你得减肥。你现在的样子绝对谈不上美，要站在舞台上讲课，你的外在一定要改变，没人愿意通过不好的外在感受你的内在。"

于是我带着极不情愿的心情去减重。当时我的先生其实是完全不相信我能减肥成功的，因为我胖了很多年了。但我是一个特别能坚持的人，这种毅力也源自我的父母。我母亲坚持早晚运动15年了，我父亲在45岁的时候也一下就把烟戒了。那次我用了56天的时间，减下来将近40斤。整个人的皮肤、精神状态、身体健康都得到了很大的改善。

一直到现在，我都会严格管理我的饮食，并且保持好的外在形象。比如一个人运动的时候也会换上漂亮的运动装，在家不出门也戴个好看的耳环，画个美妆，让自己保持在一种美的状态中。而这些，都被我的先生和孩子看到眼里，也会无形中影响到他们。在一段婚姻关系中，女人对于整个家庭的影响可以说是非常大的。

我记得有一次，我跟先生说明天我做饭给大家吃。但是那天晚上我一宿没睡，在忙自己的事情。第二天我也没做饭，闷头睡大觉。我先生就很不开心，一个人起来做饭，但嘴上一直嘟囔。

这时候女儿说，爸爸不对，你干吗总是评判妈妈。

我先生就更不高兴了，但是又不好当着女儿的面跟我吵架。我急忙蹲下来，握着女儿的手，认真跟她说："你错怪爸爸了，你看，爸爸今天做的饭很好吃，还特意叮嘱你早上不要吵醒妈妈，他很爱妈妈的，还专门做了妈妈喜欢吃的菜，刚刚给妈妈倒了一杯水。"

在这个过程中，我看到先生的眼神，一下从生气变得很温柔了。

好的女人，是一个家庭坏情绪的过滤器。人生最难的事情莫过于——"即使是对最熟悉、最亲切的人，依然保持尊重和耐心。"决定一个家庭幸福的原因，不是贫穷或富有，不是健康或疾病，而是我们与家人相处时的态度，是我们向家人所展露的情绪或脾气。

社群，创造一个倾诉的空间

我们这一代其实是很幸福的。当下是一个智慧的时代，互联网和科技的发展让信息获取变得迅速、便捷，但它也是愚蠢的时代，真实社交被弱化，人人皆成孤岛。而社群的出现，像是现代巴别塔，开始让一个个孤岛得以重新连接，人们因为共同的兴趣爱好或核心价值观，集合在一起，彼此信任、分享和互动。用新的连接方式，弥合信息差，并在这种聚合关系中持续获得价值，从而推进事和势的前进。

而我，很早就开始搭建这样的社群，让一群陌生的人，有一个倾诉的空间，做真实的自己，成为更好的自己。

我曾经做了这样一个游戏，让一群彼此友善、客气但很封闭的陌生人，在一个屋子里走来走去，对各自遇到的人不停地说"我喜欢你""我讨厌你"。如此反复，我会发现，很少有人能完全彻底地欣赏另外一个人，就算是喜欢，也只是某些点。就像我做社群这么多年，也会有人讨厌我，有人喜欢我。但是最终我身边聚拢了一大批价值观相似的同伴。

而我做的事，就是创建这样一个安全、有爱的空间，给彼此的情绪一个出口，让大家能够接纳自己真实的样子。这就是我做社群的初衷。

16年前，我记得当时社群的概念还没有出来，我就已经创立了自己的第一个社群。是一个英语聚乐部，叫learning together。因为我发现很多高学历的人，甚至是博士这些人，他们英语说的能力跟不上，而我也很想训练自己的口语，于是创建了这样一个英语聚乐部，目的是让大家获得自信，大胆说出来。这个聚乐部很快发展为当时影响力巨大的社群。而我也发现了自己这一块的天赋。

6年前，我创建了企业家私董会，叫八八众筹私董会。这个社群聚集了一大批转型期的老板，他们身上都有一些共性：很拼搏，自我要求很高，也曾获得过人生巅峰，他们希望到达人生的下一个高峰。在这个社群，我认识了各行各业的精英，他们对我的成长和进步都起到了巨大的作用。

当时我带领的团队主做销售，大家迅速成长。当初的那一批销售人员，如今也是北方最大女性社群的主力团队，即美在当下。

无数的女性从这些社群里面走出去，重新获得自信、爱和成绩。

女人要有除家庭之外的圈子

在中国，一直流行着圈子文化——大到社会不同阶层和工作交际圈，小到日常生活中的朋友圈、闺密圈、同好圈，人们不可避免地生活在各种圈子里。

对此，有人评价说："你所处的圈子，就决定了你的人生高度。"这话其实一点都不假。因为从科学角度上讲，人是唯一能接受暗示的动物。

如果你长久地处在一个充满负能量的圈子里，身边的所有人都只会怨天尤人，甘于现状，那你必定会接受很多负面暗示，从而被那些负能量带走，尤其是在你本身的能量不够强大的前提下。

相反，当你处于一个健康积极、充满正能量的圈子里，身边所有的人都在向往进步、努力变好的时候，你也会自觉或不自觉地不断成长。这是一种潜移默化和耳濡目染的作用。

而女人，更要有自己的圈子。许多女人把婚姻和家庭当成了生命的所有，甘愿放弃一切做背后的女人。可是，当女人的圈子只剩下男人的时候，那将意味着她所有的心思和精力都是放在这个人身上的，老公和孩子就是她的全部。可经常是一片好心，往往老公不待见，孩子又嫌烦，自己讨没趣儿，反而增添了不少烦恼！

有时候多几个圈子会让我们多几种选择。人在生活中难免会遇到不开心的事，职场上不开心的可以和老公男朋友诉苦，家庭中不如意的可以请朋友父母分析。生活中多几个圈子，接触过更多的人事物，我们遇事的方式和眼光都会不同。

有个作者叫谢丽尔·桑德伯格，她写过一本畅销书《向前一步》，不仅如此，她还组织了很火的"向前一步"圈子。

在中国，一个女生27岁还单身，就会被称为剩女，而且是黄金剩女。她们而临社会及家庭的压力，逢年过节七大姑八人姨都会操心她们的终身大事，无论她们学历多高、工作多出色、过得多么高贵，只要还是单身，就会被看成失败者。

为了反抗这种不公正的传统，谢丽尔呼吁中国女性加入"向前一步"圈子。目前，有8万多名女性加入，她们互相鼓励，她们说服父母要按照自己的规划安排谈婚论嫁。这些都是她们一个人绝对不敢做的事情。

不仅个人可以建立复原力，人与人之间也可以培养复原力，当培养起共同的复原力时，我们会变得更强大，而且会形成克服困难，战胜逆境的社群。因为，一个人可能会走得很快，但是一群人才能走得很远。

我建议所有的女性朋友，至少要有两个这样的圈子：

一、有共同兴趣爱好的圈子。它会给你很舒服的感觉。在这里你能找到自己的擅长点，获得快乐，从彼此之间获得理解、支持和力量。

二、能赚钱的圈子。它会给你能量满满的感觉。这里聚集的是一帮有相同价值观的人，能彼此成就各自的事业。

我记得当时我女儿才6个月大，我就抱着她去给社群的人讲课。等下课了，我匆匆忙忙给她喂饱奶，再继续上课。我一直以来都是一个非常拼搏的女人，追求一种可以帮助到他人的人生。

我这种特质，也吸引了很多跟我一样不甘于平庸的女性。很多加入我社群的女性，她们不但是我的朋友，也是我的学生、我的客户、我的合作伙伴，我们相伴至今，成就了彼此的人生。

每个人都可以成为社群的影响力中心

在以前，要做出个人影响力其实很难，因为受制于时间、空间等很多的条件。比如你出生在一个相对偏远的地方，或者说你的兴趣爱好特别小众。可能你周围的人都不太认同你，那么你就很难找到同好之人。但社交媒体的出现改变了这一切，它突破了所有时间和空间的限制，更重要的，社交媒体让很多人有了幻觉，让人觉得"我很特别、我很有才华"。

我想告诉你，这种幻觉是对的。因为每个人都有自己的影响力，每个人都能是中心。圈层和领域有大有小，而人人都能成为某个圈层、某个领域的意见领袖，成为社群的影响力中心。

我记得当时我创办的社群里，有个20岁出头的男孩子，那会儿他工作方向不明确，收入也很低。

我问他，你觉得自己未来年薪能赚多少？

他想了想，犹豫了一下说，十万吧，有十万我就很满足了。

我继续问他，往大里想想，你觉得你能赚多少？

他，那就三十万吧！

我，不！你能年薪百万，只要你敢想敢做！

后来，不过两年时间，他果真做到了年薪百万，还给我们分享了一个"25岁，年薪百万"的心得，那一刻我非常高兴。

这背后我想告诉大家一件事：事情的成败永远都在于你敢不敢、你想不想？大家永远都不要说："我没有天赋异禀，我妈没有把我生得特别漂亮，没有把我生成一个特别聪明的人。"这些其实都不重要，关键就是你要找到能够建立你个人影响力的点，并且把这个点放在合适的社群，发挥到极致。

在我的这些社群里，有刚来时一句话不敢说、也说不清楚的中年女性，长期处于丈夫家暴的阴影中不敢吱声，后来随着不断地学习，如今她大胆改变，选择反击离婚，有了自己的事业，敢于在大众面前说话。

她的人生走到现在，完全可以用蜕变两个字来形容。

找到相同兴趣爱好价值观的人，向他人学习，也影响他人

在过去所有的媒介时代，无论报纸、电视、电台、户外，都属于信息传递，媒介本身只是一个物理介质。而人类进入移动互联网、社交网络时代，人与人无缝高频连接，人就成为了最大的媒体，而这一次媒介的变化不再是传播，而是基于人性本身的思维、价值观、审美、兴趣爱好而聚合。准确地说，这个世界在重组，是基于价值观而重组。

我跟《非你莫属》的BOSS团成员曾花是19年的朋友，从以前的销售部同事，到现在各自创业，拥有自己的事业，我们算是看着彼此一点点成长，走向成功的。很多时候，我有什么想法都会在第一时间跟她聊一下，我们也能给对方一些好的想法和建议。

这一切，基于我们彼此共同的兴趣爱好和价值观。我们能从彼此身上学到优秀的点，也能互相影响对方。

而你需要做的，就是寻找一群跟自己的兴趣爱好、价值观相似的人，你们能够互相学习，也能够彼此影响对方。

第六章　我的系统

你能给环境带来什么

在整本书的前面部分，我一直在讲，如何进行自我观察，比如从内心的不满、思维方式、范畴、行为习惯等，去全面了解自己。在这个章节里，我想跟你们讲讲，如何观察整体，也就是我们自身这个全面的整体。如果说外部环境是一个大系统，那我们自身整体就是一个小系统。

需要重点提醒你们的是：

小系统能够影响大系统，但是不能改变大系统；

大系统能够改变小系统，合适的大系统可以成就小系统。

怎么说呢，如果整个大的环境发生改变，那我们个人都会受到影响，比如这次疫情，我们各行各业都受到了重挫。所以很多事情发生变故，我们不能单纯地只从个人出发找原因。

我举个例子，比如很多女性朋友遭受家暴之后，会习惯性从自身找问题，她们总会想：一定是我错了，不然为什么被家暴的偏偏是我呢？我不该……还有一些年轻人，刚走出校门进企业学习，业绩不太好，或者项目完成得不够漂亮，领导就说你要内看自己，回看自己，找找个人原因。于是他回去之后就各种谴责自己的不好。还有一些企业家，在企业转型的时候，遭遇了重大的挫折，变得一无所有，他也会怪自己没把握好风险。

其实，这些都是有失偏颇的想法，想获得成功，从停止谴责自己开始。

我们容易陷入这样一个困境：当事情没有成功时，我们习惯在没有完整全面的分析后，就开始全面自我否定。每个人都会经历人生的低谷，比如失去事业、财富、家庭破裂、亲友抛弃等，但这个时代是飞速发展的，造成这样的局面，并不全是你个人的原因。

我希望你在谷底的时候，能跳出来，站在上面，客观地看待谷底的自己，适时拉自己一把。这需要你的智慧，需要你学会从整体看待一件事。

你有什么样的领导力？

我们每个人都有一种领导力，但是这样的领导力是各有差异的。每个女人在家创造的氛围、环境都不一样，就像音乐带给人的感觉。领导力就是引发别人进入某种状态的能力，有些人能让人特别嗨，有些人能让人特别自信，充满激情，等等。

那么，你的领导力是什么呢？换句话说，你能给环境带来什么？

有一天早上，我去拜访客户。在电梯里，我听到两个女士在聊天，其中一个看起来30多岁，对另一个年轻点的女孩说："特别讨厌公司的环境，一进去公司就是各种虚伪的假笑，客户也很烦人，买产品之后，居然晚上九点给我打电话，我真是觉得活着特别没有意思，不知道每天在干什么？"而另一个女孩，本来我看她是带着笑容进的电梯，可是和旁边这位中年女士聊了几句后，立马脸色就变了，两个人就这么怨气冲冲地从电梯里面出去上班了。

我在想，对于她们而言，今天又是不怎么愉快的一天。这位对什么事情都会抱怨的"电梯女士"，她给环境带来的是什么？是抱怨，是不满，是消极。而这样的人所在的团队氛围怎么可能会好？她的业绩执行力又怎么会好？

抱怨是团队中最易传播、辐射最快最广最具杀伤力的负能量。它让自己和他人陷入负面情绪中，消极怠工，一个人会传染一个门店，一个门店会传染整个公司。有时，为了维稳，公司不得不"和谐"掉这样的人。

我20岁出头的时候，到德国西门子公司做销售。我上边的几个老大都是北京人，收入很高，打扮举止得体，谈判能力极强。总经理也是个非常健谈、帅气，享受生活的人。我们整个销售部门在公司的地位都是很高的，所以当时团队的整体氛围是很正向、欢乐的。但是那种环境对当时的我来说，压力很大。因为当时我的年纪最小，也没做过这种几百上千万的项目。

我的好朋友曾花当时也在这个部门，我记得她有着及腰长发，长得很漂亮，做事干练，说话也很自信。看到她，我也会有不自信的时候。但是工作起来，我天生的霸气和天不怕地不怕的劲头就会出来，所以，这么多年来，我从来不把任何人当对手，更不跟任何人使手腕，我只跟自己PK。对于这么优秀的同事，我就一个字——学。来西门子之前，我在商务通公司，就是第一名的电话销售，在这个公司，因为坐在曾花身边，我经常听她怎么打电话，经常学习她自信的样子，所以我成长很快。

成长和结果需要时间来磨。顶着巨大的压力，我天天往外跑，疯狂地打电话，开拓客户。因为当时其他销售员经过长期的积累，都已经有了一批稳定的老客户，她们每个人都有上千万的销售业绩，提成也很高，生活得十分光鲜亮丽。只有我累得像头牛，吭哧吭哧地使蛮劲。

我的到来，其实也给其他同事一些压力。因为当时别人都是跑电力集团这些政府机关，我是跑部队的。刚开始，我在整个公司是没影响力的，因为整整一年我都没有业绩，加上年纪太小，跟其他同事年龄差距极大，我猜想很多同事都曾经怀疑，我会干到哪天离开。

但是我没有放弃，暗暗努力，像一头笨拙而勤恳的老黄牛，一步一步走出了自己的人生谷底。第二年的时候，我一跃成为公司的销售冠军。我以一个年龄最小、业绩倒数第一、非常不自信的小角色，突然直升到第一，并且长期保持在冠军的位置上，开单一个又一个。大家都惊呆了！

我记得，有一次我下班，有同事批判我，说你这样太累了，我才不想跟你一样。当时我还挺委屈，我就想，我怎么这么不讨人喜欢，不管怎么做都得不到认可？

我告诉自己，会遭受质疑，说明你跟别人比，还不够优秀。

每个人都会面临压力，只是每个人面对压力时的处理方法都不一样。

有些人面对压力，选择不干了，比如那位指责我的同事，最后她辞职了；有些人就会迎难而上，比如像我这样的，我用了一整年的时间去努力；也有的人，完全无动于衷，因为他对自己没有那么高的要求。

所以，现在看，我当时对自己的自我否定，觉得自己怎么做都得不到别人喜欢，其实是没必要的。而且会消耗自身很多能量。

我也想跟刚步入社会或者遇到瓶颈期的朋友说，如果你现在遇到困难了，一定要坚持，只有坚持下来，你才能给环境带来一些不一样的东西。

而这些东西，会让你持续受益。

后来我去卖房子。当时几百人在房间里疯狂打电话，跟在西门子公司的氛围完全不一样。但我完全没有压力了。也就没有多余的能量来消耗。因为在我22岁时，我就已经做过几百上千万的项目了。卖房子对我来说就是小菜一碟。

当时别人一个月的客户邀请量，我一天就能完成。我打电话的时候，背后总站着一群人，手里拿着笔、录音机等过来学习。他们就好奇，这个小姑娘是怎么做到的，一天就完成他们一个月的指标任务？

当时我左右两部电话，拿着笔和纸，不停地打电话，做记录。而且在这个过程中，我也是不断自我学习。我会练习不同的电话开场，看哪些最有用，哪些能在短时间内抓住人而不被挂电话，我也会根据反馈，不断地修改我的电话开场。公司7点开门，我7点到，公司晚上10点关门，我10点走。我当时开了一辆红色的马自达，我非常爱那辆车，开车上下班的路上，我给自己打气，定目标。每天400个电话量，结果从来没卖过房子的我，12天就开了第一单。半年不到，卖了一个多亿。

123

售楼处门口有个访客本，是所有销售都要去翻的，每天陈明坤三个字都会出现在本上好几页，很多人都问，陈明坤是谁。

当时的我能给环境带来什么？

我带给他们的是激情，热情，信心，力量，各种销售话术，技巧，同时也是压力。现在销售团队都会用淘汰制，更换新鲜血液。因为在这样的环境中，需要这种正向的、激烈的能量，带动大家往上走。

而且，我一直以来都坚信，我跟客户之间是平等的，我们是在合作。很多销售员会习惯性把自己的姿态放得很低，这是不对的。

我也想告诉现在的年轻人，你当下的身份不会是你永远的身份，不要拿身份去框自己，你时刻做到最好的自己，不断精进，有了最坚实的准备，当你更换环境时，你就能迎来蜕变。

直到后来，我做了八八众筹，前期演讲销售咨询，中期服务，后期私董会，各个阶段我都有参与，身份也从一个学员变成了联合创始人，我给自己整个团队赋能。每一个学员或创始人见到我，她们都会对我竖起大拇指说："明坤，这半壁江山都是你创立的。"

及至创建赞美文化的这五年，做社群，做女性事业，我给环境带来的是爱的力量、温暖的力量。我的学员她们会信任我，愿意跟我倾诉，作为一个女性成长教练，我给大家的是理解，是爱，是一个支持者的角色。

从那以后，我希望无论走到哪里，我都能给大家带来这样的感觉。不仅仅是面对我的学员、合作伙伴、我的家人、我的朋友，我都希望给予他们理解、包容和爱，同样那个环境也会包容你、回馈你。

在这个过程中，我能不断跳出原来的自己，就好像眼见着一个小人随着内在的成长，在不断变大，不断地完善自己，也变得更加包容。当你变得越大，你的格局也就变得越大，不去和人争认可，不总跑到人前要认可，对于得失的计较在减小，我相信，你们内心的小人，也在随着我这本书的内容，一点点长大。

如何选择合适的环境

我们能通过自身的努力，去影响一个环境，但是很多时候我也发现，有些环境、有些问题是我们改变不了的。可能是因为我们当时所处位置和身份不对，也可能是我们的权利不够大。所以很多事情，是我们个人小系统无法左右的。

你必须深刻地认识到一点：在一件事中，你可控的只有自己，你能改变的只有自己，你在环境中能影响到一些部分，但不能成为改变者。

有一部纪录片，长期跟踪拍摄家庭环境对人的影响。在这个纪录片中，我们可以看到，中产阶级的孩子由于父母提供的视野和格局不同，他们的人生也大都遵循这一路径。

贫民窟的孩子由于家庭条件的影响，没有办法受到更好的教育，他们的人生也是遵循父辈的命运。在这部纪录片中，你可以看到环境对人的影响力，很多时候，人都无法逃脱命运的限制。

所以我们看一个人的未来如何，比如随着岁月的流逝，你5年、10年、20年后的情况会有所改变吗，你究竟会成为什么样子，你的事业会有多大的发展，可能跟你所处的环境有着很大的关系。

想要改变，想要获得成功，就要不断地更换我们的环境，选择最合适我们自己的环境。

选择什么环境，更有前途？

都说男怕入错行，女怕嫁错郎。刚毕业的学生，想挑一个"好行业"，准备转行的人，想挑一个"好行业"，想创业的人，想挑一个"好行业"。因为每个人都想走上康庄大道，而不是阴沟里翻船。

但问题是：真的有人可以预测未来吗？我们明确知道人工智能这个行业好，那么选择这个行业就一定和你自己的发展前途有直接关系吗？坦白地说，压根儿没有直接关系。

一个人发展有没有前途，和太多因素相关，绝不只取决于选择的行业。

1.与自己价值观相匹配的企业

价值观决定了我们是什么样的人，这在我们进行取舍且做出选择时至关重要。正如树木决定了良禽的位置，公司的价值观决定了你的职业发展和自我价值的实现，在人生的需求中，自我实现是比较重要的一个，也就是在工作中能不能给自己一些成就感，能不能发挥自己的最大价值，这关系自己是否适合这项工作。但是你也得知道，没有百分百匹配的价值观，大致相似就可以了。

2.你所在的位置，跟你的能力相匹配

我的第一份工作是做秘书，完全听别人的，我就做不好。因为我的能力是引领型的，我需要很多的发挥空间，去自我开拓。所以我们选择的位置、身份，一定是跟我们的能力、我们擅长的点相匹配的。兴趣让你发现适合的行业，能力让你进入能胜任的职位，而价值观则帮你筛选你喜欢的工作方式、同事和公司。

你必须持续地学习和成长才能守卫自己的幸福。这个时候，是兴趣推动你持续地在职业领域学习，发现新的机会；能力帮你持续地产生竞争力；而价值观则帮你在机会爆发的时候保持聚焦。

3.团队的整体

任何一件事情，都不可能只靠一个人完成。想要取得好的成就，就要学会团队协作，一个团队整体水平如何，决定了整件事的结果走向。这要求团队中成员：

彼此信任，资源共享，能够保持紧密合作，愿意及时给予对方必要的支持；

以团队整体的利益为先，当个人利益与集体利益发生冲突的时候，能够从维护集体利益的角度出发做决策；

不纠结于眼下的利益，能够从长远角度支持团队的战略规划及举措。

当团队成员具备团队协作、全局意识以及眼光长远的素质时，更有利于绩效的实现。

4.你做的这件事，是否符合大的商业趋势

做事要学会借势，这个势就是我所说的商业趋势。就像"草船借箭"之所以巧，就巧在诸葛亮没去想如何自己去造10万支箭，而想的是如何"借势"。这就如同趋势来了，很多人想的都是如何跳进趋势、追赶风口，只有少数人想的是如何让趋势"借为我用"。

有时候，选择大于努力，你所选择的这个事，是否符合整体的商业发展趋势，决定了我们的成败。

5.行业，不同时期都不一样

对于现在变幻莫测的市场，选择一条好的行业赛道远大于"两眼一抹黑"地埋头苦干。但是时代一直在变，不同的行业在不同时期，也是有变动的。十年前的电台媒体、纸媒很吃香，但是放在现在就很尴尬了。

6.你所在国家的政策和经济形势

凡是国家政策大力支持的行业就是市场的主题，与政策对着干只

会被市场淘汰。

二十年前互联网刚刚出现，市场开始炒起了网络股，当时就有"专家"说网络股没有业绩，纯粹是泡沫，现在发展到互联网、人工智能了，不但有业绩，市值都很大，市场给的估值明显高于其他传统行业。

另一个相反的例子，二十年前纺织行业被国家定性为夕阳产业，当时也有"专家"说纺织行业为国家解决劳动就业，业绩稳定优良，为国家创汇等。现在看来这个行业二十年来没有大的突破。

我们选择合适的环境，主要看以上六点，这是获得成功的基础。

你有一个什么样的家

现在，请大家想象一下这样三个场景：

在一个装修很好、很豪华的家庭环境中，空气似乎是凝固的。每个人脸上都是冰冷的，四周没有交谈声，没有孩子的欢笑声，每一扇门都紧闭着。你是什么感觉？

"咔嚓——"又是陶瓷碗碟被砸碎的声音，震耳欲聋的吵骂透过房门，传向四邻。目睹这一切的孩子在一旁不知所措，本该是这世上与自己最亲近、对自己最温和的父母，此刻却如同阴沉的野兽般难以接近。心智尚不成熟的孩子小心翼翼地生活，面对父母也要察言观色，尽可能做好这个家庭的润滑剂？你是什么感觉？

在一个可能不那么豪华但是随意而普通的家庭里，妈妈在厨房做饭，爸爸陪着孩子在客厅做游戏，可能还有老人在看电视、唠嗑，每个人脸上都是乐呵呵的，空气里都是点滴的幸福和欢乐。你是什么感觉？

三种不同的家庭氛围，成就不同的人。

有人曾说："如果你在家里是一头狮子，那么，你的孩子就有可能成为一只藏着愤懑的绵羊。"

童年性格一旦形成，将伴随孩子一生，很难改变！自由、开放、愉悦、轻松的家庭氛围，才是孩子好性格形成的最重要因素。

上面我提到的第二种家庭氛围，孩子在家里总是看到父母在争吵，或者冷战，又或者父母离异，你会很容易发现这样家庭里的孩子特别没有安全感。而且这样的家庭氛围往往还会使孩子对以后的婚姻生活感到恐惧或失望。

《奇葩说》的辩手姜思达，是一个有才华、有思想、有个性的阳光大男孩。可是没人知道，他的童年却一点都不快乐。

在一次采访中，他讲述了自己的故事。原来他生长在一个关系破碎的家庭中，在他的记忆里，父母总是在争吵，自己总是被打骂，父母在他五岁时离婚了，他的整个童年都没有安全感。

这种家庭长大的孩子，在自己组建家庭后，很可能又会复制和原生家庭一样的家庭氛围。假如夫妻双方都是从不幸的家庭中出来的，那彼此有很长的路要走。不同的原生家庭，也会造成各自的价值观完全不一样。

一个原生家庭家教严格、亲密度高的妻子，在新年时候，陪原生家庭关系疏离的丈夫回家，吃完年夜饭丈夫一家人四散离开，看电视的看电视，玩的玩，留下新媳妇一个人在饭桌边面对满目杯盘，丈夫看也不看自己一眼。

妻子感到受伤以至哭泣，而丈夫却觉得不解；等到丈夫回妻子家的时候，大年初一，一家人早起煮好饺子，穿戴整齐地坐在桌前等着父母的新祝福，女婿却还在床上睡觉，妻子把他匆匆叫下来。妻子感到特没面子，倍受伤害，丈夫还是觉得不解。

这就是不同的家庭，养成的不同性格。

家庭，是我们一生的牵挂，也是一生的羁绊。而在这个羁绊中，许多的"爱"都留下了大大小小的伤疤。

东野圭吾也曾说过："谁都想生在好人家，可无法选择父母。发给你什么样的牌，你就只能尽量打好它。"

长大成人后，我们真正应该学会的是认识自己，认识自己的原生家庭，去真正建立起一段新的、属于自己的关系。作为一个成年人，我们每个人都能够决定自己的未来要怎么过。

解决问题，远比追究责任更重要。这很难，需要我们不断审视自己的内心，需要我们勇敢和坚持。

那么从现在开始，我们就要学会换位思考了。我们要有一种理念，就是我们父母的感受是父母的感受，而孩子的感受是孩子的感受。

你要知道，当孩子心里感到受伤的时候，他一定是不舒服的，所以我们要学会尊重孩子的感受，而不是去否定或者回避。

其实，一个孩子越小的时候受到的伤害，对这个孩子今后的影响越大。可以想象有一棵大树，当它还是一棵小树的时候，如果它受过猛烈的打击，那么随着年轮的增长，它缺失的那一块仍然会一直是缺失的。

所以关于缺失的话题也是我作为女性成长教练一直研究的项目，我要帮助家长给孩子补课，所以我经常会跟学员们说的话就是：我们欠孩子的心理营养，我们终究是会补上的。

讲到这里，可能有些人心情会有点沉重，感觉到自己好像做错了什么，但是我想告诉大家，没有完美的父母，也没有完美的家庭，父母都会尽他们的所能去对待孩子。

你有一个什么样的团队

一个伟大的球队，球员的个人能力往往不是最重要的，重要的是配合的默契度以及对彼此风格和动作的了解。同理，我们日常工作中的团队也是如此。

工作中，我经常会发现，有些人作为个体异常杰出，但出于某种原因，他们就是无法通力协作。什么样的团队才能发挥最好的效能呢？

关键是找到那个神奇的组合，那个融合了成熟、能量、决心和创造力的技能与经验的组合。而找到它的钥匙，我也在这里教给大家——4D团队领导力。

你是什么颜色的人？

首先我给大家介绍一个工具，叫做4D系统，它是NASA科学家查理·佩勒林（Charles Pellerin）博士研发的一套集测评、管理、提升个人与团队领导力的心理认知与行为改进系统。听着很厉害吧，但像NASA这样的高人聚集的地方，发射的哈勃望远镜也有低级错误，而导致整个项目17亿美元打了水漂。

后面那段时间，美国街头巷尾对此项目的挖苦无处不在。后面成立的调查委员会得出的结论是"领导力缺陷"。而后，查理带着团队用了四年时间完成了这个瑕疵品的外太空修复工程。

完成后，他致力于领导力的研究，结合多方学习和自己的管理经验，创造了4D系统。

4D坐标系的横轴是决策的方式，左侧是情感，右侧是逻辑，纵轴是做决定前获取信息的方式，上面是直觉，下面是感觉。

按照4D坐标系进行分析，将领导者的特征分成四个维度，分别是培养维度（绿色）、包容维度（黄色）、展望维度（蓝色）、指导维度（橙色），具体见下图：

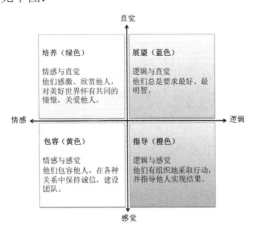

我给大家用通俗易懂的解释，分析四种人的天性，他们分别有如下特点：

绿色：欣赏和感激，帮助人们成长。一般从业者为老师、教练、HR居多。（劣势：过度情绪化、不善于组织）

黄色：包容，与他人建立联结。从业者偏向于市场经营、销售这些人。（劣势：不能容忍冲突）

蓝色：展望，贡献新点子、新想法。从业者多数是科学家、博士、作家。（劣势：过度挑剔、好斗）

橙色：管理，组织，指导。从业者多数是工程师、CEO。（劣势：对他人缺乏同情心）

典型代表：

绿色培养型领导者，关注人和价值观，甘地、特蕾莎修女是绿色代言人，他们要唤醒人性深层次的爱和慈悲；

黄色包容型领导者，注重关系和谐，电影《林肯》中，这位名垂千史的美国总统表现出来的领导气质就是黄色的——无论个人利益的冲突如何，国家整体的利益高于一切；

蓝色展望型领导者，他们关注创造力，追求卓越，大家耳熟能详的苹果公司的创立者斯蒂夫·乔布斯就是蓝色的；

橙色指导型领导者，关注系统和计划，保障成功完成目标，CEO教父杰克·韦尔奇就是代表。

举个例子，唐僧、孙悟空、猪八戒、沙和尚就是职场上一个企业团队中的四种典型，他们的默契配合，完美演绎了一个4D卓越团队。

作为师父的唐僧，担任了团队的主管，目光远大，一路西行中把握着整个团队前行的大方向，有组织设计能力，唐僧在4D领导力天性中是蓝色展望型，有远大的梦想和愿景，充分满足团队未来的需要。

一路降妖除魔的齐天大圣孙悟空干劲十足，崇尚行动，注重任务，一路上都忠于所交付的任务，拥有七十二变的本领，这正是专业性强的橙色指导型人才，如果没有孙大圣，这一路西天取经估计也得化为泡影了。

再说到活泼热情的二师兄猪八戒，好像是好色又好吃，但是他热情奔放，感情丰富外露，看重人缘，在工作场合中也很容易成为焦点，是一个很棒的绿色培养型人才，如果取经路上没有他老猪，那得多无趣呀。

最后是平和冷静的沙和尚，他是个特别好的团队建设者，更是一个坚定的团队支持者，一路上他负担了很多事务性工作，体贴忠诚，很有合作精神，这是一个黄色天性的包容型员工，耐心十足，同时值得人托付信任。

一个优秀的健康的团队必须同时拥有这四种类型的员工，每一个人都有着不可替代的位置：唐僧在想，猪八戒在说，孙悟空在干，沙和尚在看。"团队精神"综合来看是大局意识+协作精神+服务精神的集中体现，它的核心是协同合作，同时它也并不是要求团队中的人去牺牲自我压抑天性，而是需要激励每一个人充分发挥优势天性，在个人目标和组织目标达成一致后百分之百投入，从而保证组织的高效运转。

学习心理测评工具的意义

第一，更好地了解自己。

我们每个人终其一生都在进行对自己的认知与探索，用哪一种理论框架并不重要，重要的是它的确可以帮助我们更好地认识自己的特点。性格无好坏，但在性格基础上表现出来的行为的确有适宜或不适宜的区分，认识自己是扬长避短的基础。

第二，更好地理解他人。

当我们可以更客观地看待人和人之间性格和行为风格的差异，也就可以更好地理解我们在观念和方式上的冲突，进而更包容和平和地解决问题。

当然，以上提到的理论和工具在实际应用层面也各有侧重。

MBTI是对心理类型的区分，DISC更关注行为风格，如果放在冰山理论中去解读，心理类型更本源，行为风格更上层，心理类型更关注个体最天性最自然的偏好，行为风格有可能是在后天职业环境中的养成和修炼。

MBTI更注重区隔，所以把人群分成十六个类型，这也是它这几年被诟病的一点，而DISC把四个因子都视作连续的变量，更侧重于考虑每个人在不同因子上的表现程度的不同，从而绘制出不同的曲线。

4D系统则不仅仅关注个体，还会延伸到团队，从而在领导力提升和团队绩效打造方面发展出更多的工具和方法。

当这些理论工具出现在培训课堂上的时候，就更有可能因为案例、教学方法以及讲师水平的差异，变化出多种可能。

你的格局决定你的结局

日本小说家山本有三在他的小说《女人一生》里写道：女人变成母亲，是一件轻而易举的事。这种差事，是任何女人都做得了的事，但是要当好母亲可就不容易了。

母亲的言行举止、素质修养以及厚重的人生阅历，对儿女的影响非常大，有些影响也许不是有意或者刻意，但是无形之中，还是起到了影响作用。

也许有人会说，女儿没能过好这一生，就是因为母亲吗？也不是，只是有些时候，除了基因自带，影响常常是潜移默化的。母亲的格局，决定了女儿对这社会的认知度。母亲格局大小，并不取决于是否有文化，而在于是否有着正确的人生观，正确引导女儿经营婚姻。

有一次，六岁的女儿跟我开玩笑说，"妈妈，我想结婚，这样就可以让别人给我买东西了。"

我告诉她："宝贝，只有你非常爱一个人才会跟他结婚，但是你不需要别人给你买东西，以后你想要的任何东西，你都可以自己靠努力获得，懂吗？"

我一直都是一个非常独立的人，从来没有指望过男人养我，我跟我先生在一起的时候，大家物质条件都很差，但是通过这些年的努力，我们的生活有了极大的改善。现在我也是这么教育我的女儿，自己戴的花，自己挣。这就是一个人的格局。

影响一个人的格局有哪些因素

我经常跟我的学员说，一个人是否成功，不是看他赢了多少人，要看他成就了多少人；看一个人的结局如何，不是看他的影响力多大，要看他有多大格局。

现在，我们越来越多地谈到一个词——格局。所谓的格局，其实就是你所追求目标的高度，你眼界的广度，你思维的深度，以及你身上所体现出的从容大度。我们越来越发现，一个人的格局很大程度上决定了他人生的起点和终点、上限与下限。但我越来越发现，一个人所谓的"格局"，从他出生的那一刻起，很大程度上就已经被划定了起点。所以，影响我们格局的第一个因素，就是原生家庭。

贫寒家庭出生的孩子最致命的不是缺钱，而是父母的思维方式以及原生家庭的成长环境局限了自身的思维和格局。

在这里我想提一下陈丽华，她也是我非常敬佩的一位女性企业家，相信很多读者都听过她的名字。就在前不久，福布斯中国发布的2019最富有女性榜里，富华国际集团董事局主席陈丽华位列第三名，身家约合391.5亿元；而在2016年，她更登上过第一女首富的宝座。

在外人眼中，陈丽华是富华国际集团董事局主席，是中国紫檀博物馆馆长，是女强人，是领导——但这却从未影响过她成为一名合格的母亲与妻子。

虽然工作极其忙碌，陈丽华却从未缺席过孩子的成长，即便是在打拼事业最忙的那些年里，她依然重视对孩子的教育和陪伴。

她回忆说"在过去，挣的那么少钱，15块钱，那时候孩子买一根冰棍一分钱。我记得赵莉小的时候，我给了她一毛钱，赵莉去买冰棍去。高兴，那么点儿（一个小孩儿），站在那儿买冰棍还够不着那个（柜台）呢。我实际在后面看着她，她说'买冰棍'，人家拿一根给她了。她一毛钱先给人家，人家给她冰棍的时候，人家就把这九分钱找给她了，后来又找了她九分钱。后来她走着走着，她一看钱那么多啊，她把这个钱攥起来：'卖冰棍的，您多给我钱了。'那时候赵莉才几岁，五岁半，最后我就远地方看着她，我就知道是对了。"

女儿身上这种从不占人便宜的品质，多与陈丽华的教育有关："现在我们的孩子有一个算一个，一分钱，一毛钱，一块钱，一万块钱，你从小就让他知道，钱自己的就是自己的，别人的不能挨，不能贪。我感觉我的责任会在一代一代传承我们老一辈的责任。"

第二个影响格局的因素，是我们的见识。

一个人拥有了足够的信息量，在外面见过了世面，才能提高自己的见识。而有了见识，才能理解自己不能理解，明白不能明白的事情，对事物发展方向和规律才能有个正确的把握，才能对未来有更好的判断。

这也是我这些年不断花时间和金钱，大量投入到个人学习成长上的原因。因为先天的一些基础条件我们无法改变，只能后天去弥补。我们看过世界了，才知道世界有多大。

第三个影响我们格局的因素，是使命感。

一个人来到这个世界上，不能只为自己，还要活出这一辈子的价值，要活出生命的意义。只有这样，当我们离开这个世界的时候，我们才会无怨无悔，才会没有因为这辈子碌碌无为而感到悔恨。有了使命感，我们就不会为自己的得失计较，才会活得大气，才能成大事。有使命感的人，格局自然是大的。

我就是一个特别有使命感的人。"帮助别人成就自己人生"仿佛是一种刻在我骨子里的信念，我不去做这件事，我就非常痛苦、抑郁，感受不到快乐。所以这么多年，我一直都忙于女性成长事业，万幸我的先生也非常理解和支持我。

你的格局在第几层

人生，就是一个不断训练自己眼光和格局的过程。而你，到了哪一层？

第一层只看自己的利弊得失。

《非你莫属》有一期的嘉宾是一位连续三年的销售冠军，开朗热情，面对来自老板的提问也能对答如流，主持人涂磊问了他这样一个问题：你觉得在你的经历中，最能说明你销售能力的是哪一件事。

他想了想，说，自己在一家做情商培训的机构做销售，成功地说服了一位月薪两千的环卫工为自己5岁的儿子报了价值五千多的课程。

说完之后颇有点沾沾自喜，重复了好几遍，"我这个人讲话就会让人感觉很真诚"。

他现场展现的推销能力并不差，可在座的12位老板，却不约而同地在第一轮时灭了灯。

有一位老板用这样一句话结尾：我们不怀疑你的能力，但是却不看好你的人品。越是处在社会底层的人，越无力鉴别信息的真伪和含金量，他们或许不富裕，但很好骗，只要给他们一线希望，告诉他们有可能培养出一个人中之龙，他们就会迫不及待地将辛苦攒下的积蓄交到你手里。

不择手段地将不合适的课程推荐给明显没有能力负担的人，并且将这件事作为战绩来炫耀，一个没有同情心和底线的人，或许能拿到一个销售冠军，但却很难成为一个优秀的销售经理。

你的能力决定你能得到什么，而你的格局，却会决定你最终能走到哪里。

第二层便可进阶到跳出个人利益看全局，做事愿意合作，力求双赢。

第三层更高级，不仅能知得失，还能看兴衰。比如中产在子女教育上的焦虑，不少人看得到阶层固化、上升之门被关闭，所不同的，在于有人想赌一把自己子女的运气，有人却觉得周期太长，还不如从自己下手。这个层次，大抵已经会被认为有格局了，然而还有更高的境界。

第四层开始，便值得推敲了。他们有着自洽的准则，不计较一时之得失，考虑问题的周期够长，推导事情的框架体系足够严密。唯一不同的变量在于，对于真实信息的掌控力和对不同结果的选择。

人生如棋，落子无悔。愿你的眼中不只有棋子，更有整座棋盘！

下篇 ｜ 逆风翻盘

第七章　逆袭人生　开始行动

那些最容易被忽略的成功要素

　　我是一个实用主义者，任何没有价值的东西，我都不会浪费时间去学，哪怕可以拿到所谓的厉害学历和名声。我是真的爱学习，和把学到的东西应用到我自己的事业生活里，或者我整合以后教给我的学生们。学得多了，我一下子就能分辨清楚老师的水平层级。但是，只要我坐在课堂里，我一定拿出自己最好的状态，清空自己，放下评判，因为哪怕我学到一样，也许都对我影响极大。和很多朋友一样，我也特别喜欢"干货"。所以，我能把商业课、社群经济课、心智成长课有机地结合成为一套独立的体系。而且里面包含大量的工具和方法。但是学了这么多年，我越来越清楚，有时我们着急想获得的那些干货，不一定是对我们最重要的，在你的觉察力还不是很好的时候，反而是你的专业教练，有时比你更了解你自己，什么对长期的你、当下的你更重要。

　　这么多年，我清楚很多方式方法，真的可以使一些人快速赚钱或者成名。我自己也特别清楚，如果我想成名、我要赚钱，我要做什么，不要做什么。但是，我也见了太多这些快速背后带来的代价。厚德才能载物，大多数人，没有积累和沉淀，只靠模仿，快速抄袭，成功了，但被社会这个试金石很快就测出水平。很快就败下阵来。很多企业家，起也一夜，败也一夜。如果这些人的范畴不变，要小聪明，同样的错误就会不断地犯。

　　方法能力要不要学，要学，而且必须学。但如果想要获得长久而真正的成功，最需要学习的是我这本书里提到的一些自我观察的东西，比如心智能力和思维方式。从小到大，我们把一个人有品质说成品德，很少有人觉得思想品德课重要，因为学校课本编辑成了道理。从来没人觉得心态要来专门学习，大家普遍用心态好，心态不好一刀切。所谓成功者从来不愿承认自己心态不好。咱们的教育体系中，缺少一个如何管理自己内在智慧和如何思维的训练课，社会培训中，为了适应市场需求，一些老师把课程做得过于浮夸，过分表面。不能埋头钻研课程体系，不能对人真正好奇，发掘每个人的巨大潜能。

所谓道术兼修，一个人只有道而没术，落不了地。一个人有术而不走正道，必将折之。必须两者同步学习训练。

想要拥有一个逆袭的人生，应该具备哪些素质呢？

1.激情

因：真我价值。是一个人最基本的追求。

道：自由选择，就是你有权选择自己的真我价值。

术：活出真我，没有面具的直接表达是最真实的展现。

激情产生的原因是出于真我价值，它的出发点是自我的自由选择，它外在的表现形式是活出真我。激情是一种生活态度，真我的、自由的人生态度，它是精彩人生的原动力。

我的名字叫明坤，我们都知道坤在古代泛指女性的意思，有人就开玩笑说："明坤，原来你的个人使命就是让人明白做女人之道。"

但是什么叫女人之道？相夫教子吗？我看过太多男尊女卑的所谓传统女人之道，这是我所鄙弃的。如果这个名字赋予了我人生的意义，那它一定是指传承一种平等的、正义的做人之道，这也是我一直努力的方向。这就是我的愿景和使命，它让我知道了——我是谁？

我曾经有小半年的时间患上了抑郁症，因为那段时间我创业遭受重创，失去了目标，看不到愿景，也没了激情，我感到十分痛苦。在这期间，我花了大量时间去看书、学习，听轻柔的音乐，调整自己的状态。

有一次，我翻到了自己以前写的日记本，看到上面写着我刚来北京时，立下的未来十年一百个目标，包括买车买房，成立自己的家庭，等等。我发现我都实现了。

我的出身比起很多北京人来说算是很贫困的。18岁那年，我和男朋友（现在的老公）来到北京，租住在一个破旧狭小的农民房。最穷的时候，我知道我母亲得病了也不敢回去，怕回去了就没有路费回北京了。我只能拼命地工作，赚钱供养我的家人。这么多年过去了，我一直都坚持写日记，在这些日记里，能看到我整个的成长过程。

每次搬家，我的书都会占了一大车，里面日记本就占了很大一半。先生说干脆扔了吧。我说，不能扔，它记录了我每一步成功的原因，我是怎么解决问题、怎么调整不同时期的心态的。

在这些日记本里，我看到自己从经济条件很差，到现在实现经济自由；从努力外求，到开始走向内在；从自我成长，到带领一群女性走向自我成长，包括后来创建赞美文化体系，这些就是我的激情根源，这就是我所追求的真我啊！

从抑郁中走出来后，我对自己的使命也有了更深的认识，它支撑着我走到现在，成为一个充满爱和影响力的女性。

也许你追求的是家庭幸福，和挚爱的人相守在一起，也许你追求的跟我一样，以助人为使命，投身于事业中。但不管是哪一种愿景，它都是好的，都是我们得以转变，获得自身想要的幸福和成功的起点。

2.承诺

因：自律。自我管理，自己严格要求自己。

道：诚信。承诺是一个心灵合同，诚信是人和企业的基石。

术：聚焦。专注于宣言的目标，排除自己潜能发挥的各种干扰。

承诺的实质是自律，因为别人相信你的承诺是基于你的诚信。为此，最有能力实现承诺的，是我们自己。

任何承诺看起来是对别人承诺，本质上还是在为自己，承诺于自己的自律。承诺是人与社会与他人交往之本，是自己的立身处世的品牌。

在美国得克萨斯州的一个风雪交加的夜晚，一位名叫克雷斯的年轻人因为汽车"抛锚"被困在郊外。正当他万分焦急的时候，有一位骑马的男子正巧经过这里。见此情景，这位男子二话没说便用马帮助克雷斯把汽车拉到了小镇上。事后，当感激不尽的克雷斯拿出不菲的美钞对他表示酬谢时，这位男子说："这不需要回报，但我要你给我一个承诺，当别人有困难的时候，你也要尽力帮助他人。"于是，在后来的日子里，克雷斯主动帮助了许许多多的人，并且每次都没有忘记转述那句同样的话给所有被他帮助的人。

许多年后的一天，克雷斯被突然暴发的洪水困在了一个孤岛上，一位勇敢的少年冒着被洪水吞噬的危险救了他。当他感谢少年的时候，少年竟然也说出了那句克雷斯曾说过无数次的话："这不需要回报，但我要你给我一个承诺……"克雷斯的胸中顿时涌起了一股暖暖的激流："原来，我穿起的这根关于爱的链条，周转了无数的人，最后经过少年还给了我，我一生做的这些好事，全都是为我自己做的！"

承诺的兑现，最终是对自己的人生负责。

3.负责任

因：无分别心。属于心态上的行动。去除分别心才能为任何事情负责任。

道：愿意。负责任发自内心是一种自愿的心态。

术：主动。心态上负责任了，行为才会主动，行动才会更加有效。

负责任是一种心态，对待事物或者生命的心态；自己是责任的主体；自己的行动都是自己自由选择的结果，自己的过去、现在以及将来都是自己选择的结果，故应对自己的选择负责，为现在所得到的一切负责。

尤其赞同你在一件事情上有多负责任，意味着你在这件事情上有多大的影响力，当我们主动承担责任时，自己就成为事件的主体和领导者，我们的行为理所当然影响事件的进展，从而发挥它的影响力。

说起负责任，我有很深的感触。在离开校门之前，我对这个其实都没有很深的概念。老家的房子后面几千米，就是一座小山，所以，我一直都是一个自由自在唱着歌，漫山遍野采花，挖婆婆丁，跟着爸爸采蘑菇的小姑娘。童年的无忧无虑让我过得特别幸福，我现在仍然保持着真诚，充满着对未来的想象，都因为我来自于一望无际的大山和包容的黑土地。感恩爸爸妈妈，他们给了我自由的童年和自我选择的人生。

一直到我去北京后没多久，我父母就离婚了。那天我站在天桥上接到母亲的电话，听着平日刚强的母亲哭泣无助的声音，我意识到我们这个家散了，团圆对于我和弟弟妹妹们不复存在了。

那一刻起，19岁的我就开始撑起了这个家，我不但要养活自己，还要照顾比我小10岁的弟弟，照顾我的一大家子。我把"责任"这个担子从母亲身上接过，变成了家里的顶梁柱。

照顾好"我们"，在很长一段时间就是我的责任。我赚钱的动力，一直都是为了我的家人，而不是为了我自己。但是刚开始我的能力有限，这个"我们"其实就是我身边的家人。我小时候受很多亲戚的帮助，工作以后，我对他们的照顾其实是有限的。这一度让我觉得很愧疚。

后来我概念中的"我们"，又大了一点。走进八八众筹创业者的环境，成了我人生的转折点。我开始真正思考自己的社会价值。

到后来，我渐渐清晰我的使命——就是能够支持到更多的人。包括这次写书的初衷，我也是希望把自己这么多年所学的经验整合起来，能够系统地帮助别人。

这是我从"我"到"我们"的整个过程。但是有时候，我也会觉得亏欠我的家人。因为后来我把更多时间投入女性社群事业中去了，我也是不断地在我的小家和我的大家之间做调整。

4.共赢

因：气度。共赢是众乐乐的气度，领导者的气度决定他的共赢范围，决定他的成就大小。

道：尊重。共赢的内在是尊重，尊重与你有多边关系，尊重使得共赢成为开心的游戏。

术：体谅。体谅就是承认人的差别，站在别人的角度考虑问题，多为他人着想。

共赢是现代社会最佳的合作模式，也是实现自我价值最佳的平台之一。它是一种心态，积极的心态；是一种取向，实现自我的、高远的价值取向。

心中有气度的人，才有共赢的心态，以尊重为出发点的人才可能实现共赢。而对外在环境和他人的体谅则是共赢的表现方式。

我这些年不论是求职还是创业，经历过很多大大小小的公司，我发现每一家公司的解体，最终都是在共赢这一个环节出了问题。可能一个企业刚开始创业，问题还不大，但是一旦发展起来了，能否共赢的问题就特别明显了。

打江山容易守江山难。合作之前，大家的目标是合作。当合作的目标实现后，其实才算真正开始。而多数人在潜意识层面，会将合作开始当做合作完成。这个时候形成的合作架构，只是看起来像个架构，是无法正常运行的，或者说运行得畅通与否，还未可知，需要真正跑起来以后，进行探索修正。因此，合作结构的稳定运行与否，决定了是否能够走向共赢。

一个不允许别人赢，不肯让利出去的企业，最终一定做不大；反之，愿意共赢的人，一定能取得成功。

我的一个朋友，半生经历了几次大的起落，每次看似跌至人生谷底，但要不了多久，他又能绝地逢生，东山再起。因为，他的身旁，总有不少忠心耿耿的朋友和兄弟。风光的时候，有人为他锦上添花；落魄的时候，也有人鼎力相助、拉他一把。大家都说，他人好、格局大，是值得交往一辈子的朋友。亲戚朋友，谁家有难处，他当自己的事办。就算半夜，谁家有急，他也二话不说就赶去。

他揽过工程、办过企业、经过商，无论做什么，他都不会让合伙人和为他办事的人吃亏，有时候宁愿自己没赚头，也少不了别人该有的。俗话说，人心换人心，你重我就沉。当一个人不再拘泥于眼前的方寸得失，愿意共赢，甚至让利于人的时候，他的大格局就会在无形中为他聚拢资源和人气。时间长了，优质人脉多了，路也更宽了。

不光企业如此，婚姻、家庭，都是要寻求一个共赢局面的。

5.欣赏

因：爱。爱在我们内心，是固有的本性。内在的体念自由的选择基于意愿的行动。

道：珍惜。欣赏就是珍惜你所拥有的。珍惜你看到的，不是判断对与错、好与坏，也不是评估美丑善恶。

术：接纳。欣赏的表现方式不是拒绝而是接纳，接纳发自内心，产生在不经意间。

欣赏是一种积极的心态，是展现对别人的肯定，欣赏可以激发出他人的内在力量，同时收获别人的激情和投入。发自肺腑的欣赏是因为爱，欣赏的出发点是珍惜所拥有的一切，欣赏的表现方式是接纳。同时，欣赏是一种由衷的赞美，是分享对方优质资源的最好方式，是得到对方承认的最佳途径；欣赏是一种能力，更是一种胸怀。

如果说喜欢是有标准的，那爱就是无条件的。我母亲就是一个特别懂得欣赏的女人，她一直无条件地爱我，相信我，接纳我，赞美我。可以说，没有她，就没有我今天的样子。

我一直都认为自己不是一个很聪明的人，是学习改变了我的命运。我七岁才看到文具盒，而我的母亲不认识字，父亲被认为"脑子有问题"，不擅长表达。周边的亲戚邻居都觉得我们这一家人都不聪明，包括我们这些小孩，也是很笨的。

后来到上学了，我半个学期都是班级的倒数第二，倒数第一的那个学生是真的智力有问题。老师找我母亲去学校谈话，我躲在门外偷听。老师说，明坤这个孩子学习太差了，不敢回答问题，举手的时候，总是举一下就放下去，你们要做好留级的准备。我母亲听了老师的话，一下愣住了，那时她也很年轻，第一次当妈妈。听到老师说自己孩子不聪明时，她是很难过的。躲在门外的我，虽然才七岁，但是已经懂事了。那一刻我才明白，我真的不是个聪明的孩子，我原来是"脑子有问题的"。

回家路上，母亲骑车载着我，我心思沉沉的。

妈妈说："坤，我听老师说你都想回答问题了，还总想举手发言，是吧？你可真厉害。"

我说："我害怕，有点不敢讲话。"

她笑："我姑娘最棒了，你可以的！"

而关于我"脑子有问题"的话，那天母亲一字未提，其实我知道实情。后来我上学特别努力，真的是为了我母亲的这份相信。她可能都想象不到，这句一直伴随我的"我姑娘最棒了！"对我影响有多大。

6.感召

因：理想。是对未来事物的想象或希望。

道：印证。证明与事实相合。

术：启发。激发他人的理想或共同的理想愿意为理想而付出行动。

感召是通过教练行为激发他人的理想，从而促使其自觉自愿采取的感动并召唤他人为自己的人生目标所采取的行动。教练认为，感召的前提必须以当事者自身的人格魅力为基础，并以共同的目标、理想、信念和价值观为驱动力，从而激起的行动力量。感召也是当事者魅力的尽情挥洒和创造。

美国通用电气公司的原总裁韦尔奇，深入世界各地无数企业高层管理者的中心，很多人尽管没有也不会有机会见他，但却对他的领导方法推崇备至，耳熟能详。为什么会这样？感召！韦尔奇用自己的实例激发了企业经营者实行变革、做大做强的理想。感召是影响和改变他人心态和行为的能力，感召是激发他人自愿行动的能力。

7.付出

因：自私。自私产于无形，自私源于精神追求，自私的境界让人无限敬仰。

道：喜悦。付出产生的作用是成全别人，喜悦自己，付出赋予人一种快乐和幸福的根据。

术：无我。并不是否定我的存在，相反有两个前提：我是重要的；我是足够的。

付出是一种开放的心态，一种为对方考虑的真心。同样，付出亦是基于心中的大爱，真正不计较回报的付出背后有着深厚的爱和广阔的胸怀。

不少人将付出当成了索取的条件。两个人恋爱，一个人很抱怨地说："我对你已经付出了，你为什么还是那么对我？"意思是我付出了大量的爱，你却如此吝啬你的爱；公司老板用心良苦地培训员工，员工翅膀硬了就想飞出去，老板几乎是痛心疾首："我为你付出了那么多，你却这样对我？！"

类似上面的情况在生活中并不鲜见，人们"做什么"的直接目的是对方相应地"做什么"来回报。当对方没有按照自己的期望来回报，就产生失望和抱怨，认为自己的付出恰如一江春水向东流，白费了心机、精力和金钱。

真实情况是这样的吗？自认为是付出，却有可能是在索取。要想明白个中缘由，得先看看付出的内在机制和外在表现：人们付出的深层原因是隐含得很深的自私；人们付出的时候获得了心的喜悦，这是付出的出发点；付出的焦点在对方，其表现形式是"无我"。

8.信任

因：创造。信任的价值是创造的，创造新的关系，新的模式，创造大于个人能量的团队张力。

道：无惧。无惧是信任的外在表现，只要你对自己有足够的把握，只有你心中没有恐惧，才会通过信任创造新的可能性。

术：放弃。控制是不信任的表现，控制成为缺乏信心的保险。

信任跟别人无关，信任与自己有关，当我们信任别人时，主动在我们身上，敢于信任对方是基于心中的无惧，信任的表现方式是放弃控制，信任别人就是相信自己的结果。

因此，信任取决于自己，只有自己才能决定是否信任、决定因为什么理由而信任。信任的实质是对自我的肯定。我比我弟弟大十岁，他很小的时候就基本由我来供养辅导了，所以我跟他之间的关系更像是母亲和孩子。但是当时我也才十几岁，我的心智是不成熟的，所以我对我弟弟其实是没有信任感的，我总担心他走错路、被骗等，于是忍不住去想控制他。可想而知，后来我们关系变得很差。

有一次我们大吵了一架。我说，我以后再也不会管你了。后来，我就真的开始放手，让他自己成长了。结果，过了两年，我们两个人的关系反而好了。

9.可能性

因：空。没有固定模式，没有固定框架。

道：谦虚。排除杂物，心中清净，空出更多空间学习，扩展自己的视野与信念。

术：探寻。深入探索事情背后的真相，探索"不可能"信念所依照的原始资料和推论。

可能性是人生最有魅力、最有吸引力和最变幻莫测的生存元素。可能性精神和意志的发动机，可能性是人生征途的永动机。它可能存在于不可捉摸的命运之中，亦可能存在于我们人生征途的某个幽暗的角落。

对我而言，最欣赏的一句话是：一切皆有可能。这句话似乎太有哲理，太有魅力了，同时，也太有人生诱惑力了。但是，对于我们大多数人而言，人的局限性却往往使我们只能看到一种可能，并认为是唯一的可能。因此，可能性首先产生于我们自己的信念和心态上。

只有敢于突破信念上的屏障，超越自我心态信念和行为上的条条框框，改变宿命论的因果推理，新的可能性才有可能出现。至于我们生命中到底会出现什么样的结果和状态，那就是我们自己选择的必然了。

我因为忙于事业，所以陪伴家人的时间不会像一般的妈妈那么多，所以我就要求自己每次都是高质量地陪伴他们。我跟我女儿每天有四十分钟的游戏时间。在这四十分钟内，我完完全全放下手机，放下自己的工作，放下一个妈妈的身份，去全身心地投入到她的世界中去。

女儿会在一个地毯上堆满玩具，划分框格，每一个空间都有不一样的功能。有会客室，有太空舱，有厨房等等，而我是她邀请过来的客人。四十分钟时间很快过去了，而我们往往玩得意犹未尽。我发现，当我放下任何束缚时，我反而能获得更多，包括从我女儿身上也能学习到很多东西。

到现在，每次我去参加什么培训学习的时候，我也是尽量放空自己，不去拿以往的经验挑剔老师，这样的我，最后都能有不一样的体会和收获。

转型成功须先学习心灵转变

华为有一句话对我影响很大：如果你要转型一定是脱胎换骨，你不脱胎换骨是没有办法转型的。

在持续15年的研究中，我做了不下8个社群，研究了成千上万的普通人和企业家，发现了这样一个规律性的概念：

一个人外在无论怎么改变，如果没有触及内在系统，那他本质上是无法改变的。只有转变心灵了，人和事同步改变了，才能令一个系统转型成功。

从企业的转型上看，转型最终的体现就是人的转型，如果每一个领导者、管理者、执行者不去转变，那公司的转型就永远是一个空话，落不下去。

我非常欣赏的一个日本企业家——稻盛和夫，他被称为经营之圣，2010年2月担任日航会长，当年日航创造了历史上最高盈利纪录，1884亿日元。这不是因为他调整市场发生的巨大变化，而是他把成本直降了50%，这是什么原因呢？

京瓷在创立之初，从产品的研发、生产和销售都是创始人稻盛和夫一个人负责，随着公司业务的扩大，员工的增加，他渐渐感到一个人力不从心，这种"大锅饭"的方式，迟早要让公司垮台。

稻盛和夫意识到，应该将公司分成许许多多的小集团，就像一个个阿米巴单元一样的，它们可以独立存活，并用市场关系联系起来，这些小集团如同小企业一样，任命一名领导者，进行独立核算经营管理，培养具有经营管理意识的领导，从而实现"全员参与"的经营方式。这种经营方式，就是后来著名的"阿米巴经营模式"。

简而言之，他的变革就是全员的彻底改造，当你把全员彻底改造的时候你就一定可以得到最佳的改变。

企业如果真正去转型，它其实是一个内生长，这种自我生长的能力就是做两件非常重要的事情：

一件是持续的变革，一件是持续的自我更新。

我们身处在这样高速变化的时代，如果不能与时俱进的话必然被远远地抛在后头。但是很多人说"变了是找死，不变是等死"！

微软在新掌门人的带领下，公司重心由作业系统转到云端服务，重塑公司文化，重新回到舞台中心，让我们见识到庞然大物也能迅速地掉头转向，重新出发，再造辉煌。

变革已经成为企业或是个人无法避免的话题。那么要怎么变才会成功？我接下来给大家介绍四个非常科学有效的工具。

ADKAR模型

变革必须从最小单元做起，然后再扩散到整体，从局部到全面。组织想要变革成功必须从个人改变开始。如何让个人的改变成功呢？就要从影响个人开始，ADKAR 变革模型就是在这种背景下生成的。

Awareness意识：个人充分意识到我们说的改变是什么，意味着什么，为什么需要改变；

Desire欲望：个人有参与其中的欲望，愿意在工作中应用"它"；

Knowledge知识：了解关于"它"的知识和技能；

Ability能力：具备实施"它"的能力；

Reinforcement强化：维护和保持"它"的存在。

人的意识觉察进程：无知无觉、有知无觉、无知有觉、后知后觉、当知当觉、先知先觉。

举个例子来说，如果你有个要学习英语的念头，首先你认知学习英语对你是重要的，学习好英语能够为你带来许多好处。而且这个动机越发强烈的话，越能够让你有足够的动力去进行英语的学习。

此时看到你的同事因为流利的英文能力，成功地领导跨国性项目，在职场上迅速提升。激发你对于学习英语的渴望，因为优秀的外语能力是职场上必须具备的能力。

于是你报名参加英文学习。经过一段时间的学习，掌握了英语学习的关键，英文能力得到提升。这时候有一个机会，因为英文能力让你出色地完成了一项工作，获得组织嘉奖，接下来相信你一定对于学习英语有更强烈的欲望了。

ADKAR模型就是非常强调明确的变革目标以及层层递进的变革路径，这相当的"项目化"，常被用于帮助人们思考变革的过程，并指导个人变革。

Awareness 意识

我有过一次非常成功的减肥经历，在减肥之前，我已经胖了十多年了，也没有运动的习惯。但是，知道自己胖和意识到自己需要减肥完全是两码事。

尤其是后来我自己长期在线讲课，做教练电话，每天工作时间非常长，一点运动意识都没有，我的体重直线上涨，一度冲高到了145斤。

有一天，我的师父对我说："明坤，你要想影响别人，就必须从减肥开始。假如你是一个学员，看到台上的老师是不自律的，身材是失控的，是没有自我要求的，你会不会信任这个老师？"我当时一下被击中了。

回去后，我翻看以前的照片，确实发现自己胖得太难看了。对比刚来北京时纤瘦的模样，我觉得我应该改变了。这一刻，我有了愿景，我希望舞台上那个女人是漂亮的，美好的，身材挺拔匀称的。如今我已经四十了，我还没有实现在更大的舞台上去影响人的梦想，真实的原因，还是我对于自己个人的承诺不够。

我意识到，如果不能兑现自己的诺言，我的梦想将永远不可能实现。这一连串的事情发生后，真正唤醒了我要减肥的意识。

Tips："意识"里程碑的达成标准：知道要进行的变革，以及变革的必要性和重要性。

唤醒意识，可以考虑强调如果不变革将导致的严重负面后果。

Desire欲望

有了减肥的意识，我真的就打算付诸行动了。都说减肥其实很简单，就是"管住嘴，迈开腿"。但实际实施起来，是很难的。比如我在以前也减过很多次肥，买过各种减肥产品，有时瘦下来，不到一年，就又反弹上去，体重十几年间，大部分时间都在135斤。甚至到了2019年，体重一度飙升到145斤。

因为长期虚胖，缺乏锻炼，我的身体素质也不太好。只要在家休息，人就特别累，没精神，只有工作时才像打了鸡血一样。

在决心开始减肥之前，我还跟自己的闺密出去狠狠地大吃了一顿，然后收拾东西去参加减肥训练营。当时家里阿姨还怕我坚持不下来，想往我行李里塞一些零食，我拒绝了，既然决定做了，就一定要做到。

到了训练营后，我看到很多以前在八八众筹共事过的一些企业家都参加过这种减脂训练，他们上台发言，表示自己减重后获得了更好的生活和工作状态，健康也得到了极大的改善，这让我特别震动。因为这些人都是我所熟知的，他们不会撒谎。为了能精力充沛地工作和生活，我坚定了减肥的意愿。

Tips："意愿"里程碑的达成标准：对变革抱有期待，支持变革。唤起意愿，可以考虑强调如果完成变革将带来的正向喜人结果。

Knowledge知识和Ability能力

在这个训练营，我发现身边原来的很多朋友参加辟谷，不仅减肥效果惊人，而且还重新养成了更为健康的生活方式。我对这个为期七天的训练就更有期待了。在这期间，老师带着我们一点点调整我们的生活作息，呼吸方式等等。

等训练期结束后，我们一同辟谷的伙伴们建了一个微信群，大家每天在里面打卡，相互激励，有疑问时老师也在群里解答。

当减重到了一个瓶颈期后，在老师的指导下，我调整了饮食结构，开始加入每天快走一个小时的训练，风雨无阻。

56天后，我的体重减了36斤。而且这期间我的皮肤非常好，光滑透亮，精神状态也极佳，头脑清晰。

Tips："知识"里程碑的达成标准：掌握了此次开展变革所必需的知识。"技能"里程碑的达成标准：有足够的能力去实施并完成此次变革。

知识和技能的掌握要依靠学习，可以考虑采用对变革者最适用的学习方法。

Reinforcement 强化

这里的强化也是固化，在减去36斤后，我的体重偶尔有所反弹，但是不超过两斤。

因为，从第一个56天到现在，我坚持了减脂期间养成的一些习惯，比如，多喝水、几乎不吃淀粉，碳水化合物类也吃得很少，晚餐不吃或少吃，经常轻断食，静坐，采气，练习快走，保持运动习惯，等等。

接下来，我打算再减去12斤的体重，到90斤，让自己保持在一个健美、精神饱满的状态，并且长期坚持下去！

Tips："固化"里程碑的达成标准：有措施来固化变革后形成的状态、习惯和成果。

固化哪有终点？可以考虑各种能提升变革持续度的方法，如打卡、奖惩等。

萨提亚改变模型

我一直强调，人的变革是很重要的，比任何事情都重要。而改变的本身其实是我们内心的渴望"值得被爱的、被理解的"。

萨提亚模型要做的就是让我们每个人去看到爱、发现爱、创造爱。爱就像一朵花，当花开得足够绽放，蝴蝶自来。当你自己充满爱，就不再需要从外面索取爱。

萨提亚模式是如何对待一个人的改变的？

1.现状阶段的失衡

现状阶段的失衡也就是现在的状态，可能有些失衡，工作、情感、关系、心理状态等方面出了点问题，让你感觉到有些彷徨，想寻找新的平衡。

这时候你会刻意去寻找如何改变。请注意，如果没有失衡，很安心于现在的状态，改变通常是较为困难的。因为改变是打破现在的状态，重新构建平衡的过程。如果一个人本身现在就感觉很平衡，那么打破就是困难的。因此我们常说：一个不想改变的人，改变是非常困难的。

2.外来因素的刺激

外来因素可能就是一堂课的触动、心理师的一个点拨、书里的一句共鸣、他人的一个警醒等。这些外来刺激的作用，主要是打破系统的平衡，冲击原来的价值体系，尝试对你进行解构。

但是这个刺激只有触动到你才叫刺激，也就是与你潜意识里根深蒂固的固有经验思维产生碰撞和冲突。你坚持了几十年的思考方式居然和这个外来刺激所呈现的不一样，而且貌似你的头脑逻辑告诉你，它说的还很有道理。你的内心像平静的湖面一样，突然落下了一块石头，惊起了一点波澜。

在这个阶段里，你开始尝试接触到外来刺激，并尝试认同它。就像抓住了一些可以救命的宝盒一样，企图打开宝盒一看究竟。于是外来因素企图从意识进入潜意识。

3.混乱

如果你的心像冰山一样，那么你将经历的就是一堆火焰，"感觉以前的经验轰然倒塌，觉得有些失意，像是无依无靠一样"。

混乱就是外来因素被认同后，开始尝试内化。就像体内植入的某个元素一样，需要经历一段时间的排异反应，最后完成认同。混乱有时候是痛苦的，当你发现你以前惯用的那些伎俩都不再实用，当你发现通常争吵、冷战、自卑、逃避等方式都对解决问题毫无益处，你需要建立新的方式才能完成自己想要的结果。

一方面，你想用你安全习惯的方式来应对，另一方面你又明白了其实你可以选择另外一种新的方式来做。

你纠结于到底该怎么做，你挣扎于要不要那么做。

4.转化

改变的核心就是转化。人们从求生存的应对，转化到在同自己的关系中存在，人同自己相联结，以自己为中心。内在转化的觉察，最终会引发外在行为的改变。通过希望，人们重建自我，迈向更高的自我理解和自我接纳。

5.整合

在经历了复杂的心理斗争后，你才开始去整合。通过对旧的经验和新的思维模式的加工，成为自己的新的价值体系。

这个新的价值体系就像是一个新生的婴儿一样，让你感到一丝曙光，感觉到有些安详，像是重生了一样。你将重新去看待周围，重新去生活。

6. 练习与实践

然后你开始去滋养这个新生儿，让它慢慢在社会生活里学会适应、长大，直到它像原来的经验体系一样庞大。你就完成了重生，形成了新的状态。

当我们把改变的过程肢解开来，会发现它是可能的。只是它不是一步到位的。经历混乱的时候，必然有些外来因素的刺激被潜意识排斥出去，只剩下一小部分，而你只能内化一小部分，整合在新的状态里，并不全是新的元素，而是大部分旧有的元素与小部分新的元素的融合体。

但是当你回首，你会发现你已经进步了一点点，然后你会在新的状态里再接受新的刺激，再混乱，然后整合，再去实践，再进步一点点，如此一步步螺旋向上。

7. 新的状态（新的现状）

这是一种新的状态，更加健康的平衡，它让个体和关系的功能都更加完善。新的舒适感取代了过去的熟悉感，更多的自主性和创造性得到解放，更进一步的快乐也开始显现。

改变，是个螺旋向上的过程。螺旋向上就是：在你接受到新刺激大振人心的时候，你以为进了10步，你在一小段时间内感觉非常良好，完全按照新学习的模式来行事，但是那都是表象，是你因为认同而对自己的行为进行了强制执行，并不是内化。内化需要你经历了混乱和新的整合后才能完成。

而在这两个阶段里，你旧有的经验就会把你拉回9步去，于是你会有种感觉：没什么用，又回去了。这个回去只是跟你接受完新的刺激的那段时间比，但是跟你旧有的现状比，你还是有所进步的。

这就是螺旋向上的改变，因为新刺激暂时进10步，因为混乱与整合退9步，新的现状就只比旧的现状进了1步。

因此，改变是一步步来的，你准备好了吗？

P=P-i，即表现等于潜能减去干扰

其实80%的人在询问你建议的时候，心里已经有了答案，只是想让你帮他做出选择，这样他就可以把责任推给你了。但好笑的是，人们天生又都有一种自我保护意识。当别人告诉他应该怎么做的时候，他往往会想很多理由或借口告诉你"我就是做不到"。

这时候，作为引导型的教练，我就会对他使用P=P-i的模式去引导他自己把事情做好，给人建议，而不是决定。

P=P-i的意思是，你的表现等于你内心潜在能量减去被干扰因素所影响的部分。你天生就能靠自己去探索学习一件事而不需要别人教你，因为你的潜能在推动你，潜在能量最大化的根源就是你的自信、爱好、价值等等。而干扰你的因素也有局限性信息、情绪、功利心等。

这个理论源自一个小故事。

添·高威宣称能让任何人在20分钟内学会打网球。一家电视台特意组织了从没打过网球的人来做实验。

其中一位女士大约有170磅重，多少年没参加过运动了，而且还穿着一条长裙。观众席上发出了一阵阵窃笑。

添·高威信心十足地告诉胖女士，不要去计较姿势和步伐的对错，也不要竭尽全力。只要看到球飞过来，用球拍去接就行了，击中了就说"击中"；如球落到了地上，就说"飞弹"。女士按他说的去做。

添·高威接着告诉她，要留意球飞来的弧线，聆听球的声音，把自己的注意力集中到球上，别的都不要想。当女士按他的要求去做时，击中球的次数明显增多了，观众开始发出惊叹声。

最后5分钟，添·高威开始教最难的部分——发球。他对那位女士说，闭上眼睛，想象你跟着音乐跳舞的样子，然后随着节奏发球。最后1分钟，奇迹终于出现了，胖女士已经能够轻松自如地接发球了！添·高威从此名声大振，很多人都来向他求教。

添·高威给出了一个公式：表现等于潜力减去干扰。很多人的大部分潜能都没有得到发挥，原因就是干扰。

其实它就来自我们的内心。如"考试我可能过不了关""这不会成功""如果失败了怎么办"。消极的心理暗示，干扰了我们的行动方向，使我们的能力大打折扣。积极的想法，才能积累起无穷的力量，激发出潜能。

2个月的疫情期间，我做了很多事，写了这本12万字的书，学习短视频的策划、写稿、拍摄、灯光、剪辑等，录制了课程，给家人做饭，参加创业项目会议。为什么这么高效呢？因为我用了将近6年的时间训练自己大脑专注于目标的能力，一个时间段，只专注一个目标，其他目标和想法一进脑子，觉察到马上回到当下的目标里。这项大脑训练，也得益于我16年做社群引导沙龙和私董会，作为引导者，必须管理全体聚焦于目标。所以，我工作18小时，也保持高能量状态。

这种方法我也教给了很多学员。她们也经常跟我分享一些改变，比如有个学员在跑步中，高度沉浸在思考策划案中，不知不觉一口气跑了17千米，她平时最多只能跑5千米，超过了体能极限3倍之多，这就是高度专注而激发了体力潜能。

一个好的引导型教练，焦点是在外的，将关注点完全放在对方身上。她是通过取出对方的智慧，展示给她看，使得学员获得力量，而不是凭空鼓励，给予力量，那是无法起到长期作用的。

改变模式

人的一生是一个不得不面对改变的过程，或者主动求变，或者被动改变。我们周围的环境在改变，我们周围的人也在改变，我们需要不断地调整自己来适应这种改变，才能更加主动地掌控自己的命运。

当我们面对改变的时候，人很容易关注失去什么，焦点在损失上，而不会将焦点放在机遇、学习、提升上。但现代社会的变化已经成为社会发展的主流，没有人可以回避改变的挑战。因此，企业人面对改变的态度基本上已经决定了企业的生存力、竞争力。

人们面对改变时通常有两个模式：

1. 批判的模式：自我破坏、抗拒、否定

2. 启发的模式：自我提升、接受学习

而这二者之间是自由选择，可以随时切换的。作为引导型教练，我的工作其实就是要将因为面对改变而抗拒的学员，对改变的态度由批判转向启发。只有一个企业上下所有人都将每一次的改变看成是一次学习的机会，不断学习、主动激发创意，企业才能真正"以人为本"地健康发展。这个工作就是我经常在做的事。

如果你是一名教练型的企业领导，你必须知道，在什么时候运用教练技术最有效果。而采用什么样的方式，不是由我们自身的喜好来决定的，而是由你的员工状态决定的。

员工处于低意愿、低技能状态：运用指令

员工处于低意愿、高技能状态：运用教练（心态）

员工处于高意愿、低技能状态：运用引导、顾问（技巧）

员工处于高意愿、高技能状态：运用授权

我们在管理上的最终目标就是把每一个员工都培养到可以"授权"的位置上，发挥最大的价值。

什么时候运用教练技术，就是员工在当前状态最需要教练的引导时。获得这种敏锐的觉察能力，是一个优秀教练型领导必备的技能。

未来成功，以人为本

我们经常听说"以人为本"这个词，国家以人为本，企业以人为本，社会以人为本，家庭以人为本。

很多人只是喊喊口号，其实压根儿不知道这个词的真正含义是什么，更不知道怎么运用了。那么我们来探究一下，看看从古至今，以人为本有多么重要：

奴隶社会，当把人当奴隶时，奴隶就会反抗；

封建社会，当地主欺压农民时，农民就会暴动；

资本主义社会，当资本家剥削工人时，工人就会斗争。

这个道理显而易见，只有以老百姓的利益为"本"，让他们安居乐业的时候，国家才能太平，才能够兴旺发达。古今中外，国家发生动乱、政变、暴动，大多数是因为没有"以人为本"而发生的。

什么是"以人为本"？

说穿了，以人为本就是以"人的需求"为出发点。只要抓住这一点，经营企业、经营家庭真就无往而不利。

企业里，老板要以员工的需求为出发点，关注员工真正在意的是什么，除了钱还有什么，了解了这些，你留下员工就问题不大。看看如何把这个词用在日常的经营管理中。

销售中，销售人员要以客户的需求为出发点，洞察客户真正在意的是什么，如果你能及时洞察到，你的销售也问题不大了。

家庭中，你要去思考你的另一半在意什么，你的孩子想要什么，当你把这些都找到了，另一半的不理解，孩子的叛逆，可能都烟消云散了。

关于以人为本，海尔作为在白色家电领域最具核心竞争力的企业之一，就做得非常好。

1997年10月，张瑞敏到四川调研市场。有用户跟他抱怨说，海尔的洗衣机不好，排水管老堵。了解后得知，原来是有些农民朋友用洗衣机来洗地瓜（北方叫红薯），使得泥沙堵塞了排水管。回来后，张瑞敏把这事讲给大家听，一些人觉得像是笑话，还说解决问题的核心是教育农民怎么使用洗衣机。但张瑞敏不这么看，他说："用户的难题就是我们的课题。"

后来，海尔专门开发出一种加粗排水管，可以用来洗地瓜的"大地瓜"洗衣机。这事见诸报端后，有人不以为然，说我们的农民富裕到用洗衣机洗地瓜了吗？张瑞敏的想法是，既然用户有需求，我们就该去满足，这块蛋糕也许不大，但却是我自己享用。

1998年4月加粗排水管洗衣机投入批量生产，型号为XPB40-DS，不仅具有一般双桶洗衣机的全部功能，还可以洗地瓜、水果甚至蛤蜊，价格更便宜，首次生产了1万台投放农村，结果立刻被一抢而空，可见商机无处不在。

他所做的一切，其实就是从人出发，以人为本。

为什么要以人为本？

企业由很多个人组成，是一个系统，所以治企也就是治人。再加上当前环境巨变，时代在飞速发展，我们的企业也不得不面临改变，这就要求我们人人都要学习——以人为本。

更大的困境和挑战来了

现在很多企业都高举着全员营销的旗帜，到处为全员营销高歌、呐喊。

企业领导都兴致勃勃：好家伙，全员营销不得了呢，我们公司现在就采取全员营销，公司的公众号每天发布的信息都要求所有员工转发，而且要求必须转发几个群，几次朋友圈，要亲自抽查，发现没按要求转发的一律扣绩效。但如果我问他：你们公司全员营销的效果怎么样呢？他要么含糊其辞，要么避而不答。

为什么？因为你没有让所有员工对企业的产品或服务有足够的认识和认可，没有对他们做产品和服务方面的培训，没有让他们看到这么做之后对自己的好处，谁会愿意为你"全员营销"？

这就对企业领导者提出了更高的要求，来解决这些问题。

市场竞争越来越激烈

竞争对手越来越多，再加上互联网的冲击，很多企业家都感觉自己是在夹缝中求生存。真的是生意不好做吗？那为什么做生意的人却越来越多？据统计，中小企业的平均寿命不超过三年，然而每天注册公司的人，超过1.2万家。说明市场竞争是非常激烈的，那么对当代企业家的要求也越来越高。

内外部的客户要求越来越高

这里的客户指的是内部员工和外部客户。在当前企业中，年轻员工一直是离职率比较高的群体，他们对离职似乎一点顾虑都没有，转身就走。很多领导最常用的方法就是用涨薪留下他们，但这个方法往往收效甚微，如果经常使用，员工还会以此为要挟要求企业涨薪。

另外，科学技术飞速发展，也让客户对企业的服务要求越来越高，尤其是高端客户的时间通常十分宝贵，方便快捷的服务对他们有很大的吸引力。如果你能让客户通过一个电话、一个电子邮件在最短的时间内得到优良甚至超出期望值的服务，就能更好地赢得客户。

内外部环境的变化，也对我们的领导者提出了更高的要求。

整个市场变化特别快

比如今年的这次疫情，让很多中小企业的问题就暴露得特别明显。因为信息技术、人工智能等技术革新带来了商业模式和经营模式的创新，导致中小企业原来在流通中介、交易服务、信息收集等领域的优势和不可替代性受到挑战，企业经营价值被不断削弱，很多中小企业靠"本地服务"的成本和效率优势苦苦支撑。所以，中小企业走上"以人为本"之路是历史的必然，"疫情"只是催化剂，它加速了中小企业改革的步伐。

不断降低成本的需求

做企业的人难免关心赚钱，关注成本。刨根问底之后竟然发现，当今中国几乎所有的问题都可以归结为成本的问题，而几乎所有的成本问题背后都能看到政府的影子。房价、税收、债务、社保、扶贫、城建，等等，无一例外。

成本，成本，还是成本。最要命的问题是，只会花钱不懂赚钱的人通常都没有什么成本意识，在他们眼里一切成本都是数字，多一点少一点都没什么感觉。因此很多企业发展到后面，都面临巨大的成本问题。

需要优秀的人才

建功立业，人才是根本，要想成就一流的功业，必须聚集一流的人才。

聚集什么等级的人才，一开始取决于企业创始人的人格魅力、思想水平和资源调度能力等等，慢慢会过渡到企业本身的使命、愿景、价值观、战略目标、商业模式、激励水平等。

常有公司老板嫌弃底下人不行，这恰恰说明这个老板和公司本身不行。一方面，人才本来就是分层的。物以类聚，人以群分。优秀人才更愿意与他同样甚至更优秀的人或能够互补的人一起共事。你是什么样的人，就会聚集什么样的人。强将手下无弱兵。狮子不会和兔子同行，雄鹰不会和麻雀齐飞。另一方面，组织内部也是有人才分级和分工协同的。"大匠无弃材"，真正的好老板是能聚各种各样的人才，并能够使得人尽其才，所谓"鸡鸣狗盗"之徒皆有妙用。换个角度看，每个人都有他闪光的一面，就看你能不能发现，并把他放在合适的时间和地点。

以人为本的领导有三个职责：

1. 输出价值观

个人价值观是连接动机和行为的媒介，即一个人认为什么是最重要的。很多企业都希望用文化来引领组织，很多领导者也在努力用价值观来牵引自己的行为，也引导别人的行为。试想一个只有规模，没有追求（或者说价值观输出）的企业，能成为百年老店吗？

包括现在很多短视频博主，也是以个人价值观输出为导向，他们大多能输出一种积极的、有趣的、正能量的价值观。

2. 培养人才

比如说我们做社群，领导者就必须学会培养人才。因为一个社群要想发展，就不能只靠自己，而是需要一个社群运营团队。随着社群的扩张，这个团队的规模也会随之增大。那么培养人才就会显得尤为重要。

作为领导者，你还要不断分析这些社员想什么、更喜欢什么、给不同的人设计不同的产品文案，更有针对性。

你让社员们感受到好处，带动其他的社员，拉拢还在社群外的人，这就是口碑营销。只要社群还在，只要有社员，主动权就始终都牢牢掌握在自己手里，相对于竞价营销来说，此种方式可以获取长期的收益，只要社群系统还在，那么就会有持续不断的收入。

3. 绩效成果考评

有的社群以项目驱动，以产出质量来决定是否符合目标要求，他们主动采取行动以达到目标，清楚应采取什么行动来达到目标，不需要KPI作为辅助手段。但是有的社群工作团队处于无序状态、信息不对等，又有商业利益分配的问题，为了让社群核心成员感觉到管理者能公平公正处理问题、不搞暗箱操作，是需要KPI这种具备一定主动性的契约式的目标管理制度来提高执行力并控制成本的。

不论你是创建者、参与者、管理者、开拓者、分化者、合作者还是付费者，针对不同的角色都要制定一套完整的绩效成果考评。

社群考核指标包括用户数（用户总数、新增数、退群数、互动数、活跃度等）和其他平台的引入数据。其他平台考核指标有浏览量、推荐量、订阅量、转发量、互动量、转发、收藏、点赞、评论，另外电商行业KPI应该有订单转化量，其他行业应该有业务转化量等，这都是领导者该做的。

成为教练型的领导者

什么叫教练型领导者？

假如你有个鸡蛋，那么打破它的方法只有两种——从外部打破，用来煎荷包蛋或者做蛋糕，这个蛋的生命就此结束；但要是你为之提供舒适的温度，让它孵化，由里向外的打破方式，就会诞生一个活力四射的新生命。教练型领导就如同从里向外打开这颗鸡蛋的人，他需要由内向外激发员工，成为具有个人魅力、值得员工追随的领导。

教练型领导者关注的焦点永远是人。

有一家非常有名的报社，其报纸通过流水线、高度自动化、高效率地印制出来。报纸在夜里印刷，以便早晨及时发行。在夜班生产线上只有一个员工控制着整个流水线的进程，他的职责是对指示灯进行监控，以掌握整个流水线是否正常作业。

一天，报社领导与一个即将上夜班的员工进行一次谈话，领导警告这名员工，如果再不努力就会被除名。这个工人感到很沮丧，以至于没有心思进行监控，因为他大脑里想的都是刚才的谈话。夜班开始了，他站在流水线前，越想越生气。他走进卫生间，拿起一卷手纸砸向流水线，顿时所有的流水线立刻停止了工作，这家报馆一整天的生产就这样被轻易毁掉了。

仅仅由于领导者一次工作方法的失误，就给企业带来逾千万美元的直接经济损失，还有事件本身给企业内部员工和外部顾客造成的难以挽回的负面影响，足以见得软性管理在现代企业的运营中所应扮演的不容忽视的角色。要想切实提高企业长远的经济效益和社会效益，必须应用教练技术，以人为本，让员工在企业中发挥最大的能动作用。

　　一个好的教练型领导，他就是一面镜子，让你发现你的缺点。教练型领导不是保姆，不是教你怎么做，而是让你学会怎么做，他会通过不断地提问、引导，帮你厘清目标，最后自己获得力量，解决问题。

逆袭背后的隐形线索

我们看电视剧或者看小说，永远喜欢那种从屌丝到英雄，从丑女到女神，从穷人到富豪的故事——主角往往憋着一口气，坚持好习惯，靠着超人的自制力，最终成功逆袭。

因为我们生活在一个贫富差距越来越大的时代，我们希望给自己造梦，这个梦能够鼓励那些尚在谷底的人们，给予他们一线希望，能将这口气憋着，直到迎接光明。

从小到大，我虽然经历了很多失败，但是我一直走在逆袭的道路上。

小时候上学，被老师说"脑子有问题"，我从一个被预言要留级的落后生，一跃成为年级前三，并且一直保持这样的水平；

出来参加工作，我整整一年没有开单，后来成为整个公司的销售冠军；

后来开始自己创业，做八八众筹。刚开始我约了100个客户，没有一个成功，后来我自己亲自做课程咨询，当导师，打下了半壁江山。

现在四十岁的年纪，我开始写书，做抖音，开直播，依旧是用很笨的方法，慢慢探索着。但我相信，我依然能够迎来自己人生的下一个逆袭。

因为，我走出了自己的路，并且从未放弃。

七年一次的转变

我刚工作时，接到弟弟的电话，说："姐，我上不成学了。"

那时候我父母刚离婚，他住在爷爷家。这次他离家出走了，跑到外面，哭着打了个电话告知我始末：原来是爷爷扣下了他的学费。临近开学，母亲很早就送来了学费，可是爷爷却不想让他继续念书了。那时候我爷爷年纪也很大了，老人就更看重钱了。弟弟甚至给他下跪，爷爷也是无动于衷。

我的心一下就揪住了。父母离婚时他才9岁，这对他的心灵伤害是可想而知的。弟弟住在爷爷家，我也没办法时常陪伴他。后来弟弟经常打架，因为别人笑话他父母离婚了。

当时我刚来北京上班没多久，作为一个新人，我得卖几百万的东西，这对我来说是个巨大的挑战。那会公司很多人做不下去走了。我拿着3000块钱一个月的工资，一半要寄给我弟弟念书，一半寄给我爸爸做生活费。我男朋友（现老公）做了阑尾炎手术，手术费还是我从工资里面预支出来的。四面八方的压力朝我扑过来，可我不能倒下去！

最难的时候，我们住在北京70块钱一个月的农民房里，一到下雨阴天，不通风，墙上就会爬满绿毛，像仓库一样，冬天没有暖气，只能靠烧煤球取暖。就连我母亲得了糖尿病，她也不敢告诉我，怕我多花钱。

不光是物质上的难，至亲的人的不理解，会更难。

父亲打电话说："明坤，你能不能别出去，能不能别上学了，像别的姑娘一样，早点找个婆家嫁了算了，行吗？"

那天下着大雨，我一个人在路上哭得特别伤心。我怪父亲怎么就不知道女儿的鸿鹄之志。怎么能拿没钱来框住我的前程？

换成现在的我，去看当时处境中的自己，确实很难，也不怪父亲不相信当时的我能有什么作为。来北京时，我身上只有600块钱，还是母亲从亲戚那里借来的。如果我不能马上找到工作，就会面临没吃没住的困境。

我记得我刚到商务通公司做销售，因为是外地人，公司要我开一个证明，找个北京户口做担保。因为我们每天都要拿着一个样品出去给人演示，公司怕我拿着东西跑路了。可是我刚来北京，人生地不熟，根本不认识几个人。当时我有一个表姑在北京，我就打电话问她女儿，说公司要一个北京户口担保，你能不能帮帮我，因为我真的很需要这份工作。

　　表姐说，对不起，我不能给你做这个担保，因为万一出了什么问题，我可承担不起。

　　那一刻，我的自尊很受伤。这种不信任和拒绝让我非常难堪。我经常让自己很拼命，动力竟然是让更多人更信任。其实，我们何须证明呢？信任与不信任永远与你无关。都是别人的事。

　　可是当时我才不到20岁，除了一股不服输的心高气傲，我一无所有。而且人就是这样，越缺什么，越去掩饰什么。我怕被人瞧不起，拿到工资后第一个月就给自己置办了一套西装，穿着高跟鞋，每天去跑客户。

　　我每天得跑好几个工地，高跟鞋套在脚上就跟受刑一样，走得脚上全是泡。

　　有一次我实在太累了，回到我的小屋里，给我二姑打了个电话。

　　电话接通，我刚一开口就忍不住大哭起来，说："二姑，我太难了，我实在太难了。"

　　二姑问："明坤你怎么了？慢慢说，不哭。"

　　她这么一说，我更加委屈了，在电话里头哭得语无伦次，根本不知道自己在说什么。

　　二姑等我情绪缓过来后，说："你别哭，你要想买房子，二姑有钱，二姑借钱给你，别担心。"

　　其实我那时根本没想过买房子，我就是太累，太无助了。可是二姑的话却暖了我的心。二姑曾经是我小时候学习的对象，因为她从来不像一般女人一样，从来不家长里短，总是活得很大气，对待双方父母孝顺，对待兄弟姐妹尽力付出。唯独对待她自己，特别节省。因为她在银行工作大半辈子，她真的特别会理财。

当人陷入被物掌控的困境时，是很难审视自己的内心的。这也是我特别能够理解生活在底层的人的心理的原因。2003年"非典"时期，全国笼罩在一片忧虑中，可是我毫无惧怕，因为我没空看新闻。我要供养我的弟弟，给母亲看病，给爸爸生活费，偿还因为男朋友手术欠下的公司债务。那个时候，我满脑子只想一件事，开单，赚钱，养活我的家人。

熬过那个困难时期后，我一路都是在往上走，到后来自己创业，做社群，我每天工作到晚上12点，回去路上还跟老公总结，演讲哪里不够好，课程还可以更优化。那时候我已经获得了世俗意义上的成功，买了别墅、豪车，拥有资产等，但是我还是一直在不断地调整、思考、研究自己做的事。

因为我发现，我做的一切，早就已经脱离了对钱的追求，而是真心想帮助到别人，希望自己做的事情，能让别人受益。

心灵的转变

做社群的十五年时间，我一直在不断地变化，从自我否定到反复确认的自我肯定。我对自己的定位，也有了清晰的认识。

到底是导师，还是一个创业型企业家？

我花了很长时间决定，放弃做一个创业型企业家。

在生命螺旋状上升的过程中，我做了无数的训练。我也希望用我得到了验证的经验，去帮助更多的人。我不仅仅希望我的社员只是购买我的课程，只是得到一些启发，他们还能成为我的合作者，成为一个经济独立的创业者。

随着我内在的打开和自我认知与觉察力的不断提升，我发现我在创造内容和销售上有异乎常人的天赋，如果我能将自己这么多年跨界于商业与心智、教学与训练、表达与内在等多个领域的内容，摸索出的经验和心得总结出来，传授给别人，将会帮到更多的人。这让我决定将我毕生的精力投入到这项事业中，专心做一名优秀的导师。我给自己导师的定义就是，讲我做到的。

这就是我人生逆袭的整个过程。可以说，我一直在跟我的内心对话，通过反复训练，不断努力，最终实现目标。我相信，如果你坚定了自己的内心，你同样也能迎来自己人生的逆袭！

新商业趋势下人身份、心智及能力的挑战

从盲盒经济到小镇青年，从朋克养生到猫狗双全，个性化、多元化的消费时代已经到来。人货场给企业提供了未来商业模式创新的一个路径，消费者变得可分析、可识别、可触达；商品不仅有物理的使用价值、服务价值，还添加了体验价值和情感价值。可以说，每个企业都面临商业模式的创新。

有人说，只要风口到了，猪都会飞起来。但实际上，即使处在风口，也不是所有人都能成功的。你仔细观察会发现，真正成功的最多百分之二十，而这少数的人都是能够坚持下来，不断探索，才取得成功的。

在这个高速发展变化的时期，个人和企业面临的挑战也更大。为什么这么说，因为经济全球化导致市场变化特别快，这种环境下，很多企业死掉了，大部分死于外来企业的挑战，比如摩托罗拉的失败，就是苹果用互联网战胜了它。苹果首先关注到了大众消费者对移动互联和智能手机的市场需求前景，集中优势技术，迅速占领智能手机市场，并提供更多的内容服务吸引大众消费者体验和购买，在广阔的市场空间取得了辉煌的成绩。

这就是新的商业模式改变带来成功的典型案例。

此外，线上商店模式，对线下门店挑战很大，尤其是今年疫情来临，给了线下门店一个重重提醒。疫情触发的"非接触经济"状态，

倒逼面对面沟通减少。员工必须学习与适应在线上却高效的方式；组织也要反思是否可以在工作时间上，降低全员定点集中办公的时间比例，让更多阿米巴小组在物理空间上作分布式集中办公，小组与小组间的线上协作变常态；另外，员工个体可独立完成的工作，变移动办工化与协作在线化，占工时比例会增加；新的管理方式与新的技术协助管理，会是挑战。

机会面前，人人平等

变化飞速的时代看起来赚钱越来越难，但实际上机会更加平等了。

比如很久以前，所谓明星都只在电视和杂志里，但现在不一样了。在这个"全民明星"的时代，只要肯用心去把自己打造成一个明星，那么你也有可能一夜爆红。

因为以前我们只有电视、杂志、报纸这样的媒体，一个人出镜率越高，知名度越高，如果他的能力强，就会有美誉度，然后赢得粉丝忠诚度。

但是现在的明星养成，是先有忠诚度，然后是美誉度，最后才是知名度。可以说每一个平凡的人，因为平台的出现，都有了机会成为明星，这就是我所说的机会平等。

比如抖音这个平台，你会发现不是咖位越大受到的关注越多，也不是知名度小就完全没有机会。人设时代已然过去，只有真实而有趣的多侧面人格展现，重新构建起经得住考验的"流量人格"，才能实现为粉丝的爱续航。

在抖音，实际遵循着"流量面前一律平等，用内容说话"的原则，关键在于能否进行有效的自身挖掘，以及适合短视频形式的内容输出。

从微博到小红书、B站、快手、抖音，这个时代的流量生存方式正在以前所未有的速度发生着变化，过去的旧经验正在逐渐失效，传统的内容生产与运营理念每一天都受到冲击与挑战，也催生着我们不断更新流量变革时代的思考方式。

再比如销售，原来卖货无非就是电话销售、上门拜访、线上电商平台、线下门店，基本上就是主动营销或者被动等待。

但是现在卖货，客户可能先对某个人有了认可，他被这个人感动了，在一种感性的情绪下，发生的消费行为。"你推荐的，我都支持你"，尽管这个客户不一定需要这个商品。这说明我们的消费流程发生了改变，这就是流量带动卖货的原理。

所以现在的商业体都开始考虑，怎么通过抖音直播卖货。主播的持续曝光，让主播有能力积累粉丝，形成个人"品牌"。而个人"品牌"的建立，极大地降低了用户与商品之间的信任成本。而且这种实时的交互渠道，能够让用户更加切身地感知到服务主体的存在，用户的诉求可以较快得到响应，而主播也能够很快地得知用户的反馈。

在新的商业模式下，人人都可能成为IP、创客、领导者、销售者、传播者，并且在几者之间的身份是相互切换的。

领导者：他首先是独立的、自律的，能够设计目标，并且付诸行动计划。

销售者：不管是抖音或者其他平台，你销售的就是自己。只有把自己推荐出去了，然后才能销售商品。

传播者：大部分人传播的是事件，但你仔细研究会发现，其实我们是传播价值观，这样才能吸引跟我们一样的人。就像有些吃播，他其实代表的是一种积极阳光的生活态度。

创客：指的是一群酷爱科技、热衷实践的人群，他们以分享技术、交流思想为乐趣，形成了以学习、创造为核心的独特文化。

我有个做抖音的朋友，原本是当地挺有名的一个主持人。她花了8个月，用两万元的成本，做到了60万的粉丝，可是她一直不知道该怎么变现。直到她有一天发现：我可以教人怎么做抖音。

随后她制定了课程，开直播，录视频做课程，现在每个月有近10万元的收入，这就是从内容编辑者到创客的身份变化。

新风口团队所需要具备的能力和素质

根据 QuestMobile10 月底发布的一组数据显示：2019 年 9 月，短视频以 64.1% 的同比增量占比，领跑全网时长增长。不管是从用户数量来看，还是从用户的使用时长来看，短视频在很多人的日常生活中都已经演化成一个不可或缺的角色。

备受人群喜爱的短视频对于传统企业、主流品牌而言，同样意味着庞大的受众群体和不可估量的商业潜力。

拿抖音来说，平台主力用户 90% 小于 35 岁。品牌营销通过年轻化的短视频平台进行传播，能得到更多年轻消费者的关注。

与图文相比，短视频的代入感、传播性更强，更能深入用户内心，抖音流传开来的现象级口碑传播事件就是最好的证明，比如迪奥联合抖音合作的"宜走开，多彩变身"营销等。这也是短视频能对大众有如此强烈吸引力的原因所在。

消费者在哪，商家就必须在哪

我相信每个商家和个体都已经发现，以前的传统销售渠道不够用了。我们需要更多的渠道销售自己的产品。那么消费者都去哪了？

数据显示，2018 年中国短视频用户已达 5.01 亿，而且这个数字还在不断增长。2019 年 7 月，抖音官方发布了《抖音企业蓝 V 白皮书 2019

版》。白皮书数据显示对比2018年6月，企业蓝V账号数量增长44.6倍，投稿量增长211倍，企业账号已成为抖音平台重要的活跃用户，涉及了知识、育儿、科技、家居等多个行业，其中不乏一些账号通过精细有效的内容运营为自己赢得关注的同时，完成了有效的品牌转化。

俗话说，消费者在哪，商家就必须在哪。短视频平台显然已经成了商家必争的一块宝地。

去年海尔兄弟动画片片尾曲《雷欧之歌》里动感十足的"雷欧舞"被很多用户所喜爱，因此海尔趁势与快手达成合作，推出了海尔兄弟雷欧舞挑战赛。活动期间，不仅有像"一禅小和尚""僵小鱼"这样的高粉账号参与，更有大量的用户自发上传近百万个海尔兄弟的相关视频，视频总播放量高达1.3亿，为海尔带来了居高不下的热度。

短视频作为一种新兴媒体形式和社交方式日益火爆。借这一股东风，"papi酱"等现象级网红随即出现：他们粉丝众多，影响力巨大，吸睛又吸金。翻开微博和朋友圈，看着很多人已经成为网红或者正走在成为网红的路上，你有没有默默期盼，下一个"papi酱"就是你！

怎么做，我们才能吃上这波流量经济红利?

1. 找到自己卖的东西

比如前面我提到的那个主持人朋友，她虽然做到了60万粉丝，但依旧不知道该卖什么，迟迟没能变现，直到后来她才想清楚：我可以教人怎么做抖音。

很多人虽然慢慢做出了一定的成绩，但他没有核心产品时，就没办法变现。这时你就应该多多了解自己，挖掘自己的兴趣擅长点。比如爱美的人，可以卖服装或护肤品，喜欢吃的人可以卖食品类的东西。只有了解自己，并且不断提升在某个领域的认知，你才能成为不可替代的"明星"。

因为，在短视频上某一垂直领域具有一定话语权和影响力的"意见领袖"，意见领袖们正逐渐成为品牌们进行广告宣传的常规选择，即打破传统媒体较为直白的宣传手段，借用意见领袖在某一群体中的影响力，以原生内容的营销方法来完成品牌的有效转化。

你要找到自己的领域，成为意见领袖！

2. 学会拍短视频

学会拍短视频，最基础的就是要学会做策划，选择主题，写内容，拍摄，剪辑，灯光，配音，等等。

即使会了这些，很多人依旧做不起来，为什么？因为99%玩短视频的人不懂定位，不懂拍摄，以为随便拍了就能火，殊不知短视频内容质量尤为重要。

为什么都是热点，内容一样，你的视频没人看？因为你的拍摄出了问题，其实很多东西看着简单，到你实际操作的时候，根本达不到效果，因为画皮画肉难画骨。

复制别人的模式，你可能获得短期的成功，但永远不可能走出自己的路来。

2018年上半年的时候，杜子健老师的账号，突然大火，在短短三个月的时间里面就收获了超过2000粉丝的关注，很多人开始模仿杜子建老师，录制真人出镜的授课视频，获得了很大的成功，随着时间的推移，这些账号的粉丝量就慢慢开始下降了。

因为不同阶段对于流量的分配导向都应不同，所以这类账号才会从非常火爆到现在慢慢地冷淡下来。

我们做短视频，要的不是某一个视频灵光一现的惊艳，而是将我们引发共鸣的不甘平庸的斗志和敢于追梦的勇气，叠加进短视频，从短视频中迸发出来的人格魅力，这种精神才能真正地打动人，才能真正地影响别人！

3. 会直播：感召型销售

我们先来看看淘宝在2019年公布的数据，"双十二"当天有7万多场直播引导成交，比2018年增长了160%，而此前的"双十一"则更加火爆，淘宝直播引导成交额近200亿，这是一个多么可怕的数字！其中有10多个是"亿元直播间"，100多个"千万元直播间"，就连覆盖全球几十亿用户的YouTube社交平台都不是对手。

从多家平台数据得出，有49%的消费者在购买商品时，都比较依赖有影响力的网红推荐，所以说直播对于货品的销售具有很强的推动力，虽说目前海外市场的直播带货没有完全兴起，但可开发的潜力非常大。

鉴于此，现在的粉丝经济时代，对销售者提出了更高的要求。

因为带货者希望用户不仅是购买者，还是销售者，他们能帮忙卖货，那你得教会他销售技巧，有完善可行的评比标准，帮助他们进行老客户群体裂变，以获得更多的利益，达到共赢的目的。

这一切，对销售者来说，需要更高的能力。

4.学习型组织——社群运营

再小的个体，都有自己的品牌。今天无论你是实体门店的老板、老板娘，还是厂家的老板、老板娘，或者你是在上班兼职的微商，我相信会有很多已婚育的女性朋友是做微商的。不光是宝妈，还有朋友圈的朋友，有80%都是做自己品牌的，或者是加入了某个微商品牌的团队。

在社群运营中，很重要的一点，就是你不要把焦点放在卖产品上面，你应该把你的焦点放在经营人脉上，懂得线上赋能，懂得怎么开会等。

5.社群裂变——模式

我在过去六年的时间里，一直在做大量的线上辅导会议，就是关于社群裂变和学习的。

我们先搞清楚，什么是社群裂变营销？在不增加大量成本的情况下，可以让普遍企业的业绩实现10倍增长，效率得到提高，成本得到降低。在未来最终实现新零售的一定是社群营销，而不是淘宝、不是京东、不是美团、饿了么。无论淘宝、京东、饿了么还是美团，都是深刻影响我们每一个人的大平台。社群营销目标是降低成本、提高利润，让业绩快速倍增。

在传统营销模式中，由于转化率和客单价是一个比较固定的值。要得到更好的结果，只有投入更多的成本获取流量。我们再来看社群营销模式：

1）在社群中，客户既是消费者，也是推广员，是可以互相转化身份的，因此做好了客户传播的设计，流量来得容易。

2）在社群中，由于与用户建立了连接，因此可以有多次的转化机会。

3）在社群中，可以创造一个高频的场景，可以产生多次交易。在社群营销中，我们获取了种子用户后，就可以形成裂变，低成本地获取流量。社群的裂变首先要思考：你去做社群的目的是什么？你想要哪些人进社群？这是裂变的基础。同时要知道裂变是通过人来完成的，首先要先活跃一批人，让大家产生共性，产生认同感，朝着一个目标去活动。

要想做好社群的线上裂变，首先要设计好框架，做好前期准备。

1）要找到客户需求：在知识付费大火的现在，要想在这红海中获得用户，最重要的还是要击中用户痛点，找到他真正的需求。

2）框架设计：在对用户需求有了一定了解之后，开始整个平台甚至运营体系框架的搭建。

3）进行资源整合：寻找目标人群相同的合作方，可以是产品商业模式不同的跨界合作，可以是行业产业链上下游合作，产品形态相似也可以合作共赢。

4）做好用户的预期管理：在设计好框架后，最重要的就是做好用户的预期管理。积极塑造场景感，利用故事和优秀的文案，调动用户加入社群。

5）通过各种裂变工具进行裂变传播：这样就形成一个可裂变的社群营销模式。

其实，做社群除了让对方产生相应的社群思维和情感之外，还希望对方有欲望去做一些具体的动作，他们会非常愿意传播你的东西。

你们所做的一切沟通和传播，无非是希望粉丝能够相信你可以给他干货，给他价值贡献，或者提供相应的产品、服务，能够帮助他们实现梦想，来实现他心中所梦寐以求的一些梦想。

因此，你做社群的出发点应该是，为人赋能，能够切实帮助到别人。

6.相关链条里垂直的能力

虽然现在的短视频高传播，门槛低，但要在短视频领域脱颖而出，光靠一个人的力量不是一件特别容易的事情了，一个短视频从策划、制作到运营，每一步都有比较复杂的流程。有时候一个人无法完成一条专业的短视频制作，需要组建专业的团队来运作。

作为优秀的短视频创造者，下面是你必须具备的一些基本能力。

1）营销能力：对你的用户的喜好和痛点完全了解，你要做一个目标用户的画像，如果你短视频定位的人群是宝妈，就得了解她们关心什么？在意什么？她们的痛点是什么？需要站在用户的角度去思考问题，你只有了解了客户的需求才能卖出去货，是一样的道理。

2）内容策划能力：无论是过去的传统媒体，到移动媒体，再到现在的以短视频为媒介的传播，内容始终是爆款的核心，在做好内容的基础上，才有粉丝量，后期才能转化变现，好的内容需要进行策划，就得不断地提升自己的策划水平。

3）运营能力：根据各个平台的算法机制，总结出一套符合平台规则推送机制的方案，对自己的视频进行扩大推广，形成一个矩阵，增强每个平台用户对产品的认知度，扩大传播量，形成多方位的矩阵吸粉。

4）审美能力：一个能够广为流传的短视频，往往需要具有一定的美感。摄影摄像的角度，文案的策划，内容的剪辑等等，都对你的审美能力有基本的要求，对于审美的能力，无论是不是短视频领域，都需要不断提高你的审美能力，应用在你的日常工作中。

5）分析能力：要想取得足够的曝光度，你一定要能够从其他优秀的作品里学习经验，对传播量较广的短视频从数据、用户反馈等多个方面进行分析，从而摸索规律应用于自己的作品。

比如，抖音短视频上的一些数据，如点赞量、评论量、转发量、完播量，一般情况下，你的完播量在1000以上你的短视频内容较好，若点赞高说明你调动了用户的情绪，要想你的评论量高，就得让你的短视频有吐槽点，能让用户发起评论的欲望，转发量高说明你的产品简单实用。

6）学习能力：短视频领域的知识更迭较快，需要每一位从事短视频人员不断在自己专业的领域摸索、创新，不断学习，不断进步，不断突破。

在以上这些基本技能中，你要非常清楚，在这个相关链条垂直领域中，你具备什么能力？

是选择在幕后还是台前？

选择执行还是管理？

选择独立还是找到一个团队？

在未来智能时代，人才最值钱的就是头脑，头脑产出的就是思维和创意，也就是我们常说的创新能力、原创力、一技之长、专利。

你，具备这些能力吗？

第八章　建立赞美系统　重启生命

建立赞美的内循环系统

心理学家威利·詹姆斯说过："在人类天性中，最深层的本质是渴望得到别人的重视。"被赞美的感觉，就是被别人重视的感觉。所以，在人际关系中，我们都希望得到别人的夸奖与赞美。

什么是赞美？很多人一说到赞美，就提到了情商和爱商，如果把这三者做成金字塔结构排序，那么赞美应该是最底层的基础。它是我们每个人对自己整个生命系统的爱和接纳，就像一个内在的我，能生出一种自我保护的力量，让自己的生命在任何时候都可以重启。学生问我，原生家庭有问题，自信心没有建立起来的人，成年之后，还能不能建立自我价值感呢？自我赞美就是答案。

我跟赞美文化的关系

很多跟我接触的人都会特别好奇，她们问："明坤，你是不是从小在国外长大啊？"因为在我身上，她们能感受到有一种特别明媚、开朗、外放的气质。不管是上台演讲，还是社群组织开会，我都洋溢出一种满满的自信。

但是，我并不是先天就拥有这种自信的。

前面我一直都有提到，我是在东北农场一个贫苦的家庭长大的孩子。我爷爷非常聪明，靠自己的努力发了家，但是他的孩子——我的父亲，却是一个非常木讷老实的人。在强势的爷爷面前，父亲常年被打压，就更加不自信了，在爷爷面前说话也是畏畏缩缩的。整个家族的人都觉得我父亲脑子有问题，而我的母亲又不识字，我们一家在别人看来都是非常愚笨的。

母亲生我的时候非常凶险。因为她骨盆窄小，生得并不顺利，当时农村也没那么好的卫生条件，她就在家硬生，生了三天，大出血。出来时我的整个头颅都是变形的，偏长的形状。生出来后我也不会哭，严重的脑缺氧，但是家里大人并不知道。我和我母亲，几乎是从鬼门关里走了一趟回来。

这个隐患，在我上学后就开始凸显出来了。我背东西特别慢，记忆力也差。虽然我上课特别认真，也用心去记课本，可是我的成绩在班上是倒数第二，连老师都觉得我脑子有问题，甚至准备让我留级。

当时的我，自卑、怯弱，从不敢和同学讲话，放学还总是被高年级的男生欺负，每天大哭着回家，害怕上学。我现在回想起来，在当时那种环境下，我大概率上是不可能成长为一个自信、健康、开朗的人，但是我确实做到了。因为我有一个世界上最有爱、最懂得赞美的母亲。

我母亲因为不识字，没法亲自教我。即使老师跟她说我学习成绩差，脑子不好使，她也从没怀疑过我，她不觉得自己的女儿是个傻瓜。第一学期结束的假期，她想方设法送我去亲戚家补习，让我舅妈教我识字念书。再等开学后，我一下跃到了班级前三。等到上小学二年级后，我就一直是全校第一名。直到毕业，我以当时各农场所有小学排名第一的成绩结业。

我真的不是一个聪明的孩子，我一直都知道。那时候我每天都很晚才睡，做功课到晚上10点，早上又很早起来，步行40分钟上学。

先天的不足，让我很不自信，但是在我的整个成长过程中，我母亲给予我非常多的认可和赞美。她总说，我女儿特别棒，你太认真了，别这么用功了。

她越是赞美我，我就越是认真。那时候我还患了头疼的毛病，她总觉得是我学习累的，用了很多方法，比如电疗、针灸等方法帮我治疗，劝我不要太用功。后来我也真的好了。

我记得小学二年级的时候，老师要选一个小队长，管学生们放学回家的队伍。这个事其实谁都能干，不是很重要。当时老师选了我，我开心极了，一路跑回家，跟母亲说："妈妈，我当官了，我当了小队长。"

母亲当时特别兴奋，把我抱在怀里，热情地亲吻我，开心地说："我女儿真是太棒了。你就大胆去做，放心，你会做得很好的。"

像这样的拥抱、亲吻、赞美，我从她那里得到太多太多了。正是这些爱，让我有了自信的根基，是母亲把自信的种子撒进我心里，一点点施肥滋养它，让我慢慢成长为现在的我。

一个人建立自信有两个阶段，第一个阶段是从儿时的自我认知而来，第二个阶段是从生命过程中不断累积的正面积极的体验中而来。可以说，一个母亲的赞美和爱，对孩子内心自信的建立是非常重要的。

有个孩子，身材矮小，且患有口吃，在与人沟通方面非常自卑。

但是，他的母亲却这样告诉儿子："儿子，你的口吃是因为你比别人更优秀、更聪明，从而导致了你的嘴巴跟不上你聪明的脑袋。口吃不可怕，可怕的是不能面对口吃的现实。如果你自己接受了，不在意他人的看法，而是征服它，那么口吃也就不重要了。"

最后，这个男孩成为了美国通用电气公司第八任首席执行官，被人们誉为"最受尊敬的CEO"和"美国当代最成功最伟大的企业家"。

对，他不是别人，他就是杰克·韦尔奇。

我虽然出身贫困，在物质上比较贫瘠，但是我遇到了非常有爱的母亲，这才是我这辈子最大的财富。相反，如果我遇到的不是像她这样的母亲，作为一个特别需要被认可的、缺乏自信的孩子，我绝不可能走到今天这样。也许我会是一个非常平庸怯弱的人。

一路走来，不管我遇到多少困难，我都咬着牙坚持下去，我告诉自己，就算爬，我也要爬过去，就为了母亲对我的这一份信任。

我遇到的第二位贵人，是我的初中老师——刘建香老师。

一个人越渴望什么，就越能吸引什么。比如在整个学生时期，我非常渴望得到老师的认可，任何时候都想表现自己最好的一面。我也确实得到了全校上下一致的认可。虽然我的小学老师换了很多人，但是她们都很喜欢我。

但是即使这样，我依旧觉得不够。

我从小唱歌唱得很好，每年学校的六一儿童节庆祝都会有表演，我特别想上舞台唱歌。可是我不敢说，我不敢表达自己这种愿望。即使那时候我已经是全校第一名，即使我有很好的唱功，很早学会看谱，经常教同学唱歌……

我还是不敢跟老师说："我想上舞台。"

因为我内部的赞美系统还是没有建立，我还是需要不断靠外界的认可获得自信和养分。

那时候，我开始大量地阅读课外书，只要有点零花钱就拿去买书了。有一年冬天，我跑去县城买了一本《安徒生童话》，喜欢得不得了。学校里只要谁有本课外书，我都会去借来看。那种感觉如获珍宝，我像海绵一样疯狂地吸收知识，而这一切，都源于我的不自信。

等到上初中，学校有各种演出、演讲的机会。班主任刘建香老师发现了我的才能，说："明坤，你的嗓音条件挺好，普通话也标准，我给你安排去学校广播室当播音主持吧！"

那一刻，我几乎忍不住尖叫出来。那就是我一直渴望的啊。我一直都不敢表达我想要什么，所以失去了很多机会，就像当初我想上台唱歌。可是我不敢说出那句"我想要！"

人生有多少次，因为不敢大声说出自己想要的东西，而错过了很多？当我们大胆说出自己想要的时，人生才有各种可能。也许你不曾想过，你的生活正是在这样一点点的诉求当中悄然改变，这世间的一切美好，往往源于一些简单的诉求。如果你连"我想要"都不敢表达，又从何谈起拥有这个世间的美好呢？那些勇于向生活说要的人，她们往往更能享受"从容掌控，享受身心好状态"的生活。

幸运的是，不敢说"我想要"的我，被刘建香老师发现了，从此我在学校广播室一待便是六年。是这六年时间，塑造了如今可以自信站在舞台上的我、在无数学员面前侃侃而谈的我、在镜头面前从容自若的我。

也是刘建香老师，鼓励我参加学校的各种演讲比赛、声乐比赛等。我也不负所望地拿到第一名回来。1997年香港回归时，我还代表学校参加高校演讲竞赛获奖。刘老师在我初中就开始为我思考，到底高中要走艺术之路，还是正常考学。直到现在她还关心着她的这个学生。我真的幸运，拥有这样一位伟大的老师。因为老师的认可，和这一系列数不清的正向反馈，让我获得越来越多的自信，也更加从容地发挥自己的优点。

从外求走向内在循环

"被认可"是许多生命的毕生追求，追求成就感、价值感都是源于我们对被认可的需要。

从被人说脑子有问题的孩子，到名列前茅的优等生，我不断努力，不断在外在寻找、寻求认可、肯定，不断证明自己，其实，所有想表现的、想证明的都是源于对自己内在的不认可。

我慢慢开始意识到：倘若全然认可自己的所有，欣赏自己的所有，那么别人的认可与否就不重要了。需要认可是我们没有看见自己的全部，没有联结到自己的内在本源，回归内在。所以我才需要不断靠外在的赞美获得力量，而这些力量都是不长久的。

也是从这个时候，我开始从外求进入内在循环，从外在的自我证明，进入内在的自我不断认可和确认。

那一年，我已经35岁，开始真正建立自己赞美的内循环系统。

在这里，我也要非常感谢我的另一位导师——李延明老师。

那一天课堂上，李延明老师让我坐在一把椅子上，面对着一个很大的立式空调，凉风嗖嗖地吹来。而我身后是几十名同学。

当我回头时，我惊诧地发现，所有的同学都背对着我，双手叉腰，一个女同学从他们的胯下朝我爬过来，一边爬一边哭。

李延明老师说："明坤，你看看，这就是你这些年一路走来的样子。你很辛苦，为家人，为身边朋友，为社群的每一名员工，付出了太多太多。你跌跌撞撞，摸爬滚打，吃了很多苦头，你渴望得到认可，而这些人可能不理解你，甚至不屑你，你带着所有的伤和痛，一路爬过来。现在我请你站起来，和过去的自己拥抱。"

我一下被触动了，眼泪夺眶而出，走过去和那个爬过来的女学员互相拥抱。那一刻我们相拥哭得很厉害，我觉得他比我更懂我自己。

李延明老师说："明坤，你不需要赞美，你就是赞美本身。"

那一刻，我明白了自己的使命。

我们每个人都需要赞美，需要被人认可，但这其实是远远不够的，只有赞美进入到我们的内在循环，我们才能获得真正的力量。赞美内在循环系统的建立，就是一个成人，该如何重新找到内在价值的一个训练。

也是从那时候起，我发起了一百天赞美活动。很多人不知道自己为什么活着，甚至很多人抑郁，选择自杀，是因为他们没有建立起内在的价值。

我很喜欢的一部电影，叫《百元之恋》。片中的女主一子，32岁，一事无成，宅在父母家中啃老，她继承了老爸的懦弱无力，每天只知道穿着睡衣打游戏，吃垃圾食品，空长了一身肥肉。

离婚后带着儿子回归娘家的妹妹斋藤二三子做事雷厉风行，敢爱敢恨，非常看不惯一子的行事作风。一次姐妹俩因为一件小事，大打出手，一子愤怒中离开了家。

离家后为了独立生活，一子找了一家便利店工作。

一子在便利店的表现很差，不会收银，不懂拒绝同事，一味讨好，经常一脸茫然，仅仅是为了应付生活，才去工作。只有上班路上的拳击俱乐部，稍稍吸引了她的注意力，在观看了一次拳击比赛之后，一子喜欢上了那种互相搏斗互相拍肩的运动。

这是她找到的唯一感兴趣的东西，她怀揣着不安，走进了这家俱乐部，开始练习。

193

男主在最后一次拳击比赛中，以失败告终，他从此退下了拳击舞台，也退出了生活的舞台，他不再是那么积极向上，勇往直前，而是开始接受生活所给予他的现实，开始向生活低头。

而一子，却开始蜕变。

不论是走着、坐着、工作中，一子无时无刻不在练着拳法。她跑步、跳绳、自律地做这一切，想要登上拳击舞台的那一刻。

这个时候看到的是一个自律的、积极的、向上的一子，她发生了改变。

男主问一子："你为什么要参加拳击比赛？"

一子回答："喜欢那种相互搏击，然后互相拥抱的感觉……"

32岁是女子参赛的最后年龄，一子想赢一次，因为她从来没有赢过。在她锲而不舍的请求下，终于获得了一次上场比赛的机会。

一子终于昂头站上拳击舞台。

对手是有望夺冠的高手，老教练说："你肯定赢不了比赛，只求你不要输得太难看。"

果然，上场之后每个回合都只能被动挨打，完全没有出拳的机会，一次一次被打得鼻青脸肿，看台下的父母妹妹和侄子都露出了不忍的表情。

但是一子忍受着疼痛，一遍遍对自己也对教练说："不想输，不能输，不想输，不能输。"

看到这样的一子，一向瞧不起她的妹妹也被感动了，眼中涌出了泪水，低语着："你倒是打一拳出来啊，你这个丧家犬。"

丧家犬一子终于使出了自己最拿手的左勾拳，接连两拳击中对手，已经力竭的她却还是被对手的反击打倒在地。

一子在赛场上的表现，看得我热血沸腾，恍惚中觉得自己就是她，一次次被打倒，一次次站起来，心里有个野兽在叫嚣：不能输，不能输。

那个在台上倒下的一子，就如当年的我，很笨拙，也特别的努力，尽管生活总是给你一个又一个的重击。

但我知道，我已经从内在的循环中获得了重新站起来的力量。

就如一子从来也没有赢过的人生，因为拳击而厚重起来，不再轻飘飘，不再无力。她的每一次挥拳，都有生命力注入体内。

这种内在的力量，让她不会再回到从前烂泥般的境地中。她已然获得重生。

这就是赞美的内在循环系统——强大的自愈能力，重启我们每一次新的生命篇章。

赞美文化六项信念

1. 每个人的生命都是值得赞美的。

2. 每个人的内在，都拥有获得成功幸福所需要的一切资源。

3. 每个人都有无限潜能改变自己的人生。

4. 对生命的看见、听见与允许是对生命最大的赞美。

5. 赞美绝大多数时间不需要语言表达，但如果要表达，一定是真诚的。

6. 每个人都有正负两面，有负面才有正面，赞美和允许负面发生。

情绪是我们的内在需求是否得到满足的一种外在信号。简单说就是，我内心的期待与外在现实是否一致的信号。

它可以分为正负两面，但没有好坏对错，正负都是一种能量。它可以保护、调节和激发人的成长，它是生命能量不可或缺的一部分。

1) 赞美每种行为背后的正向动机，赞美负面情绪背后的正向动机。

当你能在孩子撒谎与偷窃的行为背后，看到一份他对未知事物充满渴望的正向动机；当你能在伴侣抱怨唠叨的行为背后，看到对方对家人团聚的美好期待；当你能在老板咆哮如雷的行为背后，看到他要让家人生活更好的正向动机；当你能从朋友背地里的坏话中，看到她渴望被理解与关注的正向动机，那一刻赞美文化的精髓才是从我的书本中真正地走入了你的心里。

2) 注意力在正向上，过正向的人生；注意力在负向上，过负向的人生。

同样的一篇文章或者一张图片，为什么不同的人会有不同的感受和态度，这往往跟个人的成长经历及家庭有关。

什么样的土壤开出什么样的花。让孩子感受到你积极乐观、努力奋斗的一面，还是郁郁寡欢、愤世嫉俗的一面，对他的成长，特别是性格的形成，起着直接的决定作用。

对孩子来说，家里有钱没钱不是第一位，但是家的氛围是第一位的。原生家庭带给孩子最重要的，是为人处世的方式，是行为习惯，还有认识及思考世界的途径。所以，请努力让孩子看到一个三观正，并且积极成长中的父母。

3）激活你的大脑奖赏系统。

每个人都有这种内在的赞美系统，而它能给予我们大脑很多正向激励。

我们人脑中存在着一个奖赏系统（Reward Mechanism）。每当我们从事了某种有利于生存及繁衍的活动，奖赏系统就会激活，通过多巴胺等神经递质产生欣快感。这是一种学习机制，促使我们学会多做那些有利于物种存续的事情。根据核磁共振成像研究的结果表明，人类大脑的奖赏系统在处理这些不同经历时的相似程度似乎远比我们想象的更高。

而内在的赞美循环系统，能很好地激活我们大脑的奖赏系统。

自我赞美比他人赞美更有效

"我明白赞美能让我们的大脑愉悦，但是不想自己表扬自己，觉得很难为情，还是接受别人夸奖比较好……"

"周围没人夸我，假如自己夸自己效果相同的话，我也想试试，那我该怎么做呢？"

你是否存在上述疑虑，渴望得到赞美却难为情，想赞美自己却无从下手？

我们的大脑会对赞美的语言作出正向反应。自我夸奖，也能达到同样的"愉快效果"。而且，自我赞美还具有"被别人夸奖"所没有的优点。它能使我们更加客观地看待自己，包容自身缺点，并转化为优点。

你不妨拿出纸和笔，找出几条自己的优点，写下来，说给自己听，每天如此，不断地在心里强化它。长此以往，你的自信会从内而发，因为在你的内心中你已经认可了你自己，你喜欢上了你自己，同时你自己也成了自己的依赖，精神上的依赖，这样的你不仅自信，而且内心强大！

这样的你，相比被别人赞美表现出来的自信会更加稳固。因为在别人的认可下、赞美下生活的人虽然自信，但是心里比较脆弱，她们往往不能真正认识自己的优点是什么，优势在哪里，一旦别人撤出了对她们的赞美之词，被经常赞美的人会很失落，她们往往会患得患失，开始怀疑自己的能力。

而自我赞美，才能真正起到重塑自己的效果。

1. 重新建立神经元之间的赞美回路

我们大脑的生长发育和身体极为不同，当我们成年之后，大部分的脑细胞不再分裂为新的脑细胞。而大脑的成长体现在一种新的模式上，那就是神经元之间的重新布线以及线径的变化。

当我们在学习新的知识时，神经元之间会产生新的连接。就像你学习骑自行车，控制不同运动神经和肌肉的神经元之间会建立新的连接，随着练习的增加，这些神经元连接的"线缆"其外层包裹的"髓鞘"的强度和厚度会增加。

就像电缆一样，外面的绝缘层越厚实，抗干扰能力就越强，在线缆中传递的信号就越不易受到干扰，就越稳定。这就是我们不断学习的秘密。

当你开始新的学习和体验时，大脑便建立起神经通路。每一次新的尝试在有牵连的神经元之间重新访问神经回路和重新建立神经传输，能够提高突触传递的效率。相关的神经元之间的交流变得便利，认知使它们交流的速度越来越快。突触可塑性也许是大脑惊人的可塑性依赖的支柱。

大脑会以各种不同的方式来重新布线那些网络，例如，强化或弱化神经元之间的各种连接，同时还增加新的神经元连接或摒弃旧的神经元连接。

髓磷脂的含量也会增加，在神经细胞周围形成隔离鞘，允许神经信号更加迅速地传递；髓鞘的形成可以使神经脉冲的速度提高10倍之多。因为这些神经元网络负责思考、记忆、控制移动、解读感官信号以及大脑的所有其他功能，重新调整和加快这些网络的运转速度，使人可以做各种各样的事情，那些事情都是以前做不了的。

经常性的训练会使大脑中受到训练挑战的区域发生改变。大脑通过自身重新布线的方式来适应这些挑战，增强其执行那些挑战所需功能的能力。

不断地自我赞美，便是一种非常有效的训练，它能重新建立起我们神经元之间的赞美回路。

当上帝为你关上一扇门，同时，他会为你打开一扇窗。这句话是对的，但是不精确，因为，这扇窗是你自己打开的——叫做自我赞美。我们通过自我赞美，改变大脑，改变我们生活中的一切。

2. 三脑原理的作用

美国国家精神卫生研究院的神经学专家保罗·麦克里恩曾经提出假设，人类颅腔内的脑并非只有一个，而是三个。这三个脑作为人类进化不同阶段的产物，按照出现顺序依次覆盖在已有的脑层之上。也就是爬行脑、情绪脑、视觉脑。

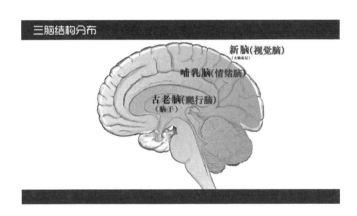

他说这三个脑的运行机制就像"三台互联的生物电脑，各自拥有独立的智能、主体性、时空感与记忆"。每个脑通过神经与其他两个相连，但各自作为独立的系统分别运行，各司其职。

爬行脑。大脑首要的作用就是"生存"，即让我们活下去。它是一个完全自动的系统，控制着我们的心跳和体温。其实不难发现，这所有的一切都是在后台运作，我们从来不需要告诉自己，现在心跳几下比较合适，而且自动化系统是24小时不间断运行的。这个在后台不停运行控制着我们生命的，就是"爬行脑"。

情绪脑。包裹在爬行脑的外面，在身体结构上被称为"边缘系统"。而"边缘系统"这个词是麦克里恩在1952年创造的，用来指代大脑中间的部分，这部分同样可以称为中间脑，这是一个具有五千万年历史的大脑，主管着情绪与情感，是哺乳动物共有的特点。情绪脑与情感、情绪、直觉、安全、哺育、搏斗、逃避以及性行为紧密相关，尤其是其中的情感系统更是爱恨分明的，要么喜欢，要么厌恶，根本没有缓冲地段或中间状态，因此，也有人将其称为诚实的大脑。在恶劣的环境中，几乎所有的动物都是依赖这种简单的"趋利避害"原则，生存才得以保证。

视觉脑。就是我们所讲的高级脑或理性脑，它几乎将左右脑半球全部囊括在内，因为左右脑由一种进化较新的皮质类型组成，故而也称为新皮质，同时它还包括了一些皮层下的神经元组群。正是视觉脑所具有的高阶认知功能，才使得人类从动物群体中脱颖而出，麦克里恩将它称作"发明创造之母，抽象思维之父"。

在整个人类大脑中，视觉脑占据了整个脑容量的三分之二，而其他动物种类虽然也有新皮质，但是相对来说很小，少有甚至没有褶皱，而褶皱意味着新皮质的表面积、复杂度与发达程度。脑皮质分为左右两个半球，就是为人们所熟知的左右脑。所以我们日常讲的全脑也仅仅只是指视觉脑而已。

其实我们所提到的创业者各种"画大饼"，企业的战略规划，都是基于这一点。一个有感召力的领导者，一定是能够让团队看到未来成功画面的领导者，即组织愿景。我们平时期望有假期，有车有房，实现梦想，也是基于此。

试想一下，五年后的今天，你成为公司开创者，一位值得信任的好老板，能说一口流利的英语，读完了1000本书，成为一个充满爱和力量的女性，孩子喜欢的妈妈，有了自己的小汽车，买了别墅……

这样的画面是否可以实现呢？

当然可以，无论你选择什么，你都可以根据头脑中的画面把它创造出来，一切均取决于你的选择。你选择什么，视觉脑就会将你选择的画面创造出来。每个人大脑的硬件系统是一样的，不同的能力表现仅仅是因为软件系统的不同，所以我们需要通过学习不断地开发我们的视觉脑。只有充分打开视觉脑，看到那清晰的画面，才有可能调动越来越多的资源将看到的画面创造出来。

而自我赞美，就是将我们视觉脑拓展的一种最好的方式。自我赞美，能让视觉脑的正向意图走向创造、创新和探索，最终聚焦未来，完成计划和实现我们的目标。

自我赞美——赞美活动

在我们知道自我赞美的价值后，很多人可能就会关心，我怎么进行自我赞美呢？下面我要为大家介绍一个非常实用的工具——赞美日记。

想要活出自我，看见自己很重要。赞美日记就是帮助大家静心看见自己的最好的礼物。

使用赞美日记有个秘诀，只要你有坏情绪产生了，你就可以立刻找一个安静的地方，记录笔记。因此，你的笔记不一定在晚上再写，你完全可以在任何时刻写。坚持十一周后，你会发现赞美文化会作用于我们的三脑，时常使你保持在一种"好心情"的状态中。

第一周：赞美外在

我国的传统，讲究含蓄，不表露，不仅如此，很多家长还信奉"夸奖孩子会让孩子骄傲"，所以不屑于夸奖孩子，哪怕真正值得表扬的地方，也轻轻带过。

没有肯定，没有表扬，人会逐渐觉得自己什么都做不好，自我否定的意识就增强，以至于越来越不自信。总觉得自己哪哪都不好，没有任何优点，甚至连自己都不喜欢自己。但其实我们每个人都渴望得到认可。

成长中的孩子具有敏感的心灵，赏识和鼓励尤为重要。一句话、一举手、一个眼神、一个微笑，父母生活中的每个细节都能给孩子传递欣赏的信号。而这些，将影响他们的一生。

一个小女孩，因为掌握不住颤音而被老师排除在合唱团之外。小女孩躲在公园里伤心地流泪。她想：我为什么不能去唱歌呢？想着想着，小女孩就低声唱起来，"唱得真好！"这时传来说话的声音，"谢谢你，小姑娘，你让我度过了一个愉快的下午。"小姑娘惊呆了！说话的是一个满头白发的老人，他说完后站起来独自走了。小女孩第二天再去时，那老人还坐在原来的位置上，小女孩于是又唱起来，老人聚精会神地听着，一副陶醉其中的表情，就这样，过了许多年，小女孩也成了有名的歌星！

她忘不了公园靠椅上那慈祥的老人。一天，她特意去公园找老人，但那儿只剩下了一张孤独的长长的靠椅。知情人告诉她："老人死了，他聋了二十年了。"姑娘惊呆了。那个天天聚精会神听一个小女孩唱歌并热情赞扬她的老人竟是个聋子！

这就是赞美的力量！

但是自我肯定和自我赞同，这两句话听起来很简单，但如何真的能够打从内心做到？也许我们从赞美生活行为、日常工作入手更加容易。

赞美日记就是自我赞赏。人在受到赞美时，会不由得心情舒畅，身心都涌现活力。科学研究表明，大脑受到"赞美语"的刺激后，脑内荷尔蒙（血清素、多巴胺）含量增多，变得心平气和、精神饱满，与此同时压制了消极念头的出现。

你不妨拿出本、笔，在扉页写上赞美日记。

在接下来的一页，写上你想成为什么样的人。写得越具体越好，因为这是你努力的方向。

第一周，我们可以从以下几个方面的小事入手：

1. 赞美生活的行为，日常工作。

2. 赞美理所当然的小事。

3. 切换视角，变负面为正面。

4. 赞美内在优点，赞美感觉和感性。

5. 赞美所思、所想、梦想和希望。

6. 赞美没做的事。

7. 赞美正在努力的和曾经努力的事。

8. 赞美姿容举止的积极变化。

第二周：赞美内在

有些人这辈子再怎么辛苦都不言放弃，就是想得到别人对他的赞许。那么请问：努力了一辈子，你想要得到谁的肯定？

总有那么几个人，你是奋斗一辈子而希望得到他们的肯定。对大多数孩子来讲，可能是父母；对大多数先生来讲，可能是太太；对大多数太太来讲，可能是先生，有时先生讲几句赞美的话，再苦、再累都甘愿，都觉得值得。

这些人，是我们关系最为亲密的、重要的人，而他们身上，折射的是我们对自己的期望，也就是我们对自己的肯定。

相比于外在，我们可能更加看重自己的优点被认可。

比如赞美感觉和感性；赞美外在形象、言行、能力，性格，品格；赞美所思所想、梦想和希望。

我有一个学员，他是一名高级职业经理老大，准备转型，于是找我做分析。 我就告诉他，你把自己的优点先列出来，能列多少列多少。

这下可难倒他了，他说我这个人没什么优点啊。

我说，要不这样，我们一起列，你拿张纸还有笔，我们一点点想。

他发愁，我真没觉得自己有什么优点。

我问，你为什么能成为一名高级职业经理人？这肯定还是有原因的吧，公司看重你身上的哪一点？

他迟疑了一下，说，我比较有前瞻性，在考虑问题时很周全……

我继续引导他，还有呢？

当我不断地问，还有呢？还有呢？他开始挖掘自己潜在的优点，最后竟然列了一千个，那场电话之后，这个四十多岁的男人忍不住号啕大哭，他说我其实很自卑的，长这么大我都不知道我有这么多优点！

其实你是谁，做什么，站在什么高度并不重要，重要的是你内心认可这个自己吗？你真的认识这个内在的自我吗？

我们很难看到自己的优点，那么第二周，你不妨开始认识内在真实的自己，从外在形象开始肯定自己，一点点发现你的优点，你的梦想，你的希望。

第三周：赞美情绪

接下来，我们可以先从赞美自己的日常工作生活过渡到心理层面。

试着转向自己的隐性部分，审视一下自己的心理状态，赞美自己的感觉、梦想等。

比如："今天我比较焦虑，但马上调整了心态，就该这样。"

"我的梦想是当个熊猫饲养员，好玩吧。"

切记：对待自己一定要"温柔"，不要太苛刻，一定要接纳自己。不断肯定自己，不断强化梦想，总有一天会梦想成真。

从这个星期开始，去表扬那些没做的事情，赞美那些努力的事情，还有积极改变的事情。

比如：

今天没有过量吃甜食，了不起。

每天坚持看书，真不容易，我很努力。

驾照科目一考试一次通过，我也挺厉害的。

不是只有取得成果才值得赞扬，所有付出的努力都值得称赞。

如果只以成败论英雄，我们会很容易失去斗志。

有没有发现，其实我们每个人都有很多优点，有很多可以夸奖的闪光点。

写赞美日记的时候，我们会强迫自己写赞美的词语，但我们很可能在说话时，会无意识地说否定的话语，比如：我真没用，你真够笨的之类的。

这些消极的话语，会无形中暗示自己和他人，从而形成负面的自我。

所以要学着去使用积极向上的语言，改贬义词为褒义词的过程，也会改变我们的思维模式和整体形象，让自己更乐观、积极。

把自己的变化和进步写到赞美日记里，也能加速消极词语从自己脑海中的剔除速度。

不消极、不抱怨的人，看到的快乐会更多，感受到的幸福也更多。

第四周：赞美本月的成果

恭喜你，现在你已经坚持写赞美日记快一个月了。这个时候你可能已经养成了正向的赞美思维，生活是一个漫长的过程，生活不可能每天都很快乐，每天都开心。但，我们要认真地去挖掘那些会让你开心的小事件，并且发自内心地赞美自己，赞美我们生活中的小确幸。

那么，改变在不知不觉中发生。

这是来自我的一位学员的心路历程：赞美化解了我的内伤。

这名学员是法律专业出身，某单位工作，某企业股东，两个孩子的妈妈，这些年一直不甘于过平凡的生活，一直在努力拼搏，练就了吃苦耐劳，坚强坚韧的性格，但她内心一直很难有幸福感。

我生长在一个传统的家庭，从小爸妈对我的管教非常严厉，表扬和鼓励很少，我是在批评和指责中长大的，我记得妈妈经常说的一句话就是，你看谁谁家的孩子怎样怎样，总是拿别人家的孩子做榜样，无形中对我深深地影响着，我特别不自信，经常怀疑自己，经常拿自己的短处比别人的长处，总是否定自己。

结婚后，我也是经常打压我的老公，指责抱怨，在无意识的状态下，重复着父母的方式去管孩子、管老公。自己活得也不快乐，被条条框框束缚着，感到特别的迷茫、憋屈。

后来上了教练技术，我觉察到自己的很多问题，当时教练给我的作业是每天赞美自己二十条发群里，我挖空心思去想自己的优点，100天结束我拿到自信的力量，但是随着时间的流逝，我慢慢又回到了旧有的模式里。

在这时，我的同学跟我说起了赞美文化活动，我毫不犹豫就加入了，因为我知道，我最需要的就是赞美——对自己的赞美和对他人的赞美。

参加赞美文化活动，我收获最大的是接纳，接纳了不完美的自己，并且在明坤老师的指引下，不断突破自己的短板，在一次次行动中拿到自信的力量，我相信我是完全可以的，我也相信每个人都是可以的，不再否定一个人，带着爱去支持去包容，我找到了我的价值观，就是支持更多人成长，用我的改变去影响更多的人，让更多的人活得幸福和喜悦。

我相信有不少女性为了工作、为了生活、为了家庭、为了孩子，活得失去了自我，俗话说一个好女人幸福三代人，真的是一点不假，智慧的女人会经营好自己，同时经营好家庭，她身边的人都会被她的幸福喜悦所笼罩，只要你相信，改变自己活出自己我们每个人都可以！

这个时候，我相信坚持写赞美日记的你，也开始有了转变，获得了赞美成果。那么请你赞美，因为这个月的赞美给自己带来了改变！

第五周：赞美所有行为背后的正向动机

正如斯蒂芬·吉利根博士所说的："每个负向行为背后都有一个正向动机。而当这个正向动机没有被人性接纳时，负面行为就会发生。"

当我们认识到这一点时，我们不妨在做每一件事时都问一个为什么？

比如，对我们发怒的伴侣其实是受到他自己烦恼的左右，而没有完全自我控制的能力。他处于某种情境当中，而迫使他以这种情绪化的方式来回应我们；这里的背后其实都有许多的原因。比如丈夫抱怨做饭放多了盐，他为什么生气？因为盐吃多了会有害身体健康，他背后真正的动机是关心你和孩子的身体健康。

但是我们大多数人会愤怒于对方的表现形式，而不关心这份错误行为背后的正向动机。

包括我们自己。比如你刚刚在辅导孩子时气得破口大骂，甚至摔东西。你同样需要赞美自己。因为你关心孩子的成绩，为他操心，你是一个负责的好妈妈，你希望自己做到更好。

一切行为背后，都有它隐藏的正向动机。这是我们可以谨记在心的要点，它可以帮助我们做出跟往常不一样的回应。

其实，不管是愤怒还是开心，失控还是隐忍，所有的行为，这都是独属于你的一面面镜子。它们照出了你背后的渴望与动机、压抑与委屈，也照见了你的行为模式和处事风格。

请你赞美这个行为背后的正向动机，这个动机能让我们看清真相，走向自己所渴求的生活。

第六周：赞美价值观

价值观到底是什么呢？简而言之就是我到底认为什么是对的，是一个人自己为自己生活选择的方向，一个人可以自由地决定什么应该出现在你的生活中。

价值观不是目标，更不是感受。因此：我想变得有钱，我要开心地生活，我想变得很美……这些都不是价值观。

价值观更不是结果，价值观可以在过程中体现出来。你有没有试过，每天都期待着发工资的时刻，计划去买东西、吃大餐等，这些想想都开心。但到了发工资的那一刻，你却只开心了一天。相反，如果那是符合你价值观的工作，你每天都会享受、都会开心，而不是只有发工资的那一刻。

所以我们要不断地问自己，我的价值观到底是什么？

比如我之前很想出一本书，那它能给我带来什么价值呢？

它能让更多人知道有明坤这样一个人，让我有更大的影响力，这就是这本书的价值。

那么影响力的价值是什么？

有影响力，可以让我帮助更多的人。这就是我活着的使命与追求。

价值观是一个词，有影响力是我的核心价值观。

诸如上面的问题，你能不断地问自己，不断地挖掘深层次的东西，那你就可以确认哪一个是你真正的价值观。

赞美自己的核心价值观，赞美这个价值观长年来给自己带来的结果。比如我希望帮助到更多的人，影响到更多的人，我从播音主持，到做社群，做演讲，写书，整个过程中我也在不断地提升，在目标上更加专注。

第七周：赞美主动积极和点滴进步

赞美自己外在的点滴进步，比如相比一个月之前，我的能力有了很大的提升、我的业绩有了明显进步、我的沟通能力变强了，我和先生之间的关系变得更和谐了等等，这些外在的点滴进步，都是看得见的。

赞美自己内在点滴的进步。比如我的缺点是自卑，我发现自己对它的评价越来越少，评判越来越少，我对自己松绑了之后，反而变得自信起来，虽然别人看不见，但是我内心感受到了变化。

第八周：赞美家庭关系

这个时候，我们从内在系统走向了外在系统，开始关注改变之后的自己，对整个外在系统带来的影响。

从赞美自己，走向赞美家庭关系，赞美我们在家庭关系中自己的状态、情商、爱商等。

比如我很辛苦工作一天，回到家以后依然为家人做了可口的饭菜，我的发心是希望自己的家人感到幸福和快乐。

赞美自己对待家人，更多的是鼓励、赞美家人，而不是批评、指责、埋怨家人。因为我知道只有鼓励和赞美才能带给家人自信和力量。批评、指责、埋怨只是在发泄我的情绪、伤害家人的心灵。

第九周：赞美事业关系

外部系统除了家庭，第二个很重要的就是我们的事业。

我们要学会赞美在事业关系中，自己的价值、状态、情商、爱商等。

比如，赞美自己的PPT比以前做得更快更好了，赞美自己在听到别人不同意见时能心平气和了，赞美自己跟客户沟通的能力越来越强了，等等。

这种自我暗示、自我表扬，会让你把更多的目光聚焦在自己身上。关心自己的进步、对比自我的成长，哪怕是身陷情绪的沼泽，你也会有足够的勇气，把自己拯救出来。

第十周：赞美系统

这周开始，我们可以尝试让自己打开心灵，链接到万事万物。当我们用赞美的眼神看待这个世界时，它给予我们的回馈也是完全不一样的。

你心中所见，便是这个世界。

有两个重病患者同时住在一个病房里，房间不大，只有他们两个人。一个人的床靠近窗子，另一个人的床靠近门。

靠近窗子的病人每天都能坐起来看看窗外的景色，靠近门的人每天都只能躺在床上，而他从门里迎来的，永远都是换药的护士和观察的医生。靠近门的人感觉很孤寂，心情很沮丧，而靠近窗子的人却每天都很开心，乐观而开朗。

靠近窗子的人为了让靠近门的病人的心情好一点儿，就给他讲述窗子外面的景色：公园的湖水在阳光的照射下发着银光，天鹅和鸭子在湖里自在地游泳；孩子们在家长的带领下在那里撒面包片，放模型船；年轻的恋人们在树下牵手散步；一帮小孩子在草地上踢球、嬉戏；头顶，是一片湛蓝的天空和缥缈的白云……

靠近门的病人听到这样的话果然心情好了很多，他甚至能想象出外面的景色是多么的迷人而惬意：孩子嬉闹的场面，美丽的女孩穿着夏装，青年在树荫下拉着小提琴……他似乎自己亲眼看见了一样地高兴。

靠近门的人每天都听靠近窗子的人的讲述。渐渐地，靠近门的人就想，为什么不是我在靠近窗边的位置呢？如果是那样的话，我就每天都会像那个靠近窗子的病人一样高兴。他越想越不是滋味，总是想到要和靠窗子的人换换位置。

一天晚上，靠窗子的人病情发作，不住地颤抖、咳嗽。他努力地想要去按电铃叫护士来急救，却怎么也按不到。靠近门口的病人也醒了，但为了让自己也能亲眼看一看外面的景色，他没有帮忙，冷漠地看着他的朋友慢慢死去。

如他所愿，他终于搬到了靠近窗口的位置，等到屋子里就剩下他一个人的时候，他吃力地撑起自己的身体，向窗外望去，但是他惊愕了！他看到的不是公园，也不是湖水，更不是年轻的恋人和碧绿的草地，他看见的是一堵白色的、冷冰冰的墙壁。

以正向的态度看待这个世界，我们获得的快乐也更多。而我们正是这个美好世界的一分子。请赞美自己，正是如此美好的你，构成了这个美好的世界。

第十一周：赞美未来的自己

此刻，请赞美过去的自己、现在的自己和未来的自己的样子。

岁月不是杀猪刀，岁月是把雕刻刀。它一刀一刀把我们雕琢成现在的模样。过去时光的无价在于，你敢去爱、去走、去错、去尝试、去承担、去告别。

松下幸之助说：努力到无能为力。

直到有一天，未来的你终于活成了现在的自己想要的样子。在明媚阳光下，在浩瀚星空底，当你再回头，会多么庆幸现在的自己，爱着当下的一切，一无所惧。

即使狼狈即使心酸，也不言乏力不说放弃，咬碎多少牙，流过多少泪多少汗，你才活成了你最想要的样子，你才没辜负当初那个茫然无措且焦虑惊慌的倔强姑娘，那个自卑入骨仍砥砺前行的清瘦少年。

过去的你曾吃过的亏、受过的苦、挨过的煎熬、咽下的酸楚，都在铺就一条路。直到有一天，现在的你再也不喜欢预测命运，再也不渴望预知未来，再也不需要谁为你开辟前路，指点江山。

因为你从此知道，当下的你付出全部的热爱和努力，累积点点滴滴的进步，都在指向并决定着你的未来。

因为你从此知道，命运的转轮，已在自己手里。请赞美这个，无比强大的未来的自己。

赞美活动结束了，我相信亲爱的你已经不知不觉发生了蜕变，这个时候的你习惯用正向的思维看待事情，更包容自己和他人。这时候，你不妨总结这赞美活动中自己的巨大收获，将养成的赞美思维继续保持下去，将我们的赞美日记进行到底。

关于赞美的疑问

赞美活动结束，能打回原形吗？

很多朋友担心，当我们的赞美活动结束后，会不会又被打回原形，再次变成那个沮丧、自卑、消极的自己？

其实你不用担心，我们前面提到了赞美对于三脑原理的作用，我们的大脑是有记忆的。你不妨将赞美日记中所写的众多赞美语大声读出来，让明晰的大脑牢牢记住，这样"赞美回路"就更为粗壮。而且，对自己熟练使用的词汇，当我们面对他人时自然也会脱口而出。赞美会像喝水、呼吸一样自然而然地包围着你和周边的人。

如果你现在依然有所顾虑、自信不足，我建议再写一段时间。赞美日记的最终目的是激发我们身上的正能量，与其担心停止写日记的后果，不如把注意力集中在如何借助赞美日记让自己绽放光彩、获得幸福上。

总赞美自己，会不会过于与众不同，遭人排斥？

我们身边就有许多这样的人，他们本身就很幽默、风趣，擅长赞美别人，但是他们却不一定能够赞美自己。这种本末倒置的行为说到底是因为他们的自我认知不够，无法做到回归自我。

自然而然地，也就难以使自己的人生境界得到提升。因为他们总是担心被人排斥，说成自恋、自负，甚至担心因为自己的"与众不同"而被人排挤。但其实这是没必要的担忧。

要知道，赞美自己能给我们带来非凡的快乐。赞美自己，是我们从内心深处对自己的肯定和嘉奖，因为没有人比我们更了解自己，也没有人比我们更能感知自己的需要。

写赞美日记能加强你的优点，促进我们的心智成长，倍添自信。还能让我们舒缓心情，更容易改正自己的缺点。当我们的脑前额区活跃起来后，情感掌控力、注意力、问题解决能力等显著提高。内心变得强大，敢作敢为，预定目标也能顺利达成。

赞美的能量

也有人会质疑，明坤老师你每天说赞美，我要交房贷，交学费，交房租，这些靠赞美能解决吗？

正面的思维，会带来正面的情绪，正面的情绪会带来积极的行为。反之，负面的思维，会带来负面的情绪。负面的情绪带来消极的行为。当我们一切事情向着正向的方向思考，我们的行为会变得更积极，我们的人际关系会更和谐，我们遇到的问题也能更好更快地解决，而这些都会反馈到"人与物"的关系上，最终使我们在物质上获得更多。

某市一名时装店老板在吸烟时不小心将一条高档裙子烧了一个小洞，使该裙一下子成了无人问津的货。一条昂贵的裙子，因为瑕疵再也卖不出去，一般人都是十分沮丧的，将它当次品处理了。但这位老板却反其道而行之，又在小洞的周围搞了许多洞，并饰以高端大气的金色边纹，为其取名"凤尾裙"。结果，这条裙子不仅卖出了高价，还掀起了一阵"凤尾裙"的时尚潮流，生意异常红火。

当我们用正向、积极的思维看待、解决负面的事情时，也能绝处逢生。

我都变了，他们不变怎么办？

关于这个问题，我的学员当中最多的是妈妈在问：我在学习变化，可老公、孩子不学习怎么办？我拿他们一点办法也没有。这的确是一个很大的挑战，是妈妈们经常遇到的困惑。

在没有学习赞美之前，很多女人也很想去改变老公，改变孩子，改变别人。而事实上，真的是有心无力。因为，我们永远都不可能去改变世界上的任何人，除非他自己愿意做出改变。

如果你也是一位妻子，是一个孩子的妈妈，你也有过想改变老公的想法，我想对你说，与其把心思放在想改变老公的精力上，还不如把它花在自己身上。

人和人之间是相互影响的，不是男人影响女人，就是女人影响男人。也就是说，男的能量高于女的，或者女的能量高于男的，能量低的那一方总是被能量高的那一方所影响。

这是一个非常有趣的现象，当你让自己的能量提高，无形之中，你也会慢慢影响自己身边的人，而不是一味着急，请给他们一点时间。

向内求，只要用心，有方法，一切都不是问题。

找到成就自己的那片天

牛羊为了生存，必须找到属于自己的绿草地；野兽为了活着，必须找到属于自己的森林和水源；鸟儿为了舒适地生活，必须找到适宜自己的生存环境，这大概是候鸟们飞来飞去的理由吧。动物们的生存原则尚且如此，那么，人呢？

我们人生的元素周期表，门捷列夫没有给你安排好，你还是自己去找一找自己的那片天吧！生活最大的危险，就是心灵空虚。生命最大的价值，在于创造价值。每个人的存在都有意义，在各自不同的行业，都能找到自己的定位和使命。可以这样说，你要想成功，必须找到属于自己的那片天地。

在这里，我想讲一下自己的那片天，一个关于女性终身成长学习的社群。这里聚集着一群有着相同气质调性的人，是一个以共同学习、共同成长为方式和目标而组成的社群。它肩负着赋能女性"终身学习、终身成长、终身幸福"的使命，希望每位会员都能够独立、成长、富有、平衡。

在这十五年间的社群运营中，我作为发起人、参与者，学习摸索出了一整套自己的课程，主要包括三方面：心经济社群裂变、幸福力、教练型女性。

心经济社群裂变

有人曾说：不做社群，未来将无商可谈。中青创投董事长付岩在千人企业家培训会上也曾分享：未来三十年，将呈现越来越多的超级社群型企业，社群将引领下一个时代。

现在关于怎么做社群的课程铺天盖地，五花八门。很多人把做社群的关注点放在营销上，只关心怎么拉人、怎么赚钱，把社群运营等同于"拉群"，只关注拉了多少人进群，不知道后续怎么运营，最后群也慢慢沦为广告群，每天都担心用户又发"小广告"。还有一种人，把社群运营等同于"客服"，每天花大量时间在"聊天"上，经常像个7×24小时工作的救火员一样，哪里有用户疑问就出现在哪里，工作价值感不强。这些都是很失败的案例。

我们社群里主要有两种人，一种是在下面做实事的人，一种是没有实践经验、专门讲课的人。这就造成社群课程的可操作性跟实际脱轨的现象。目前市面上非常好的社群讲师万里挑一的缺，而且在这些人才中还有99%的人都是沿袭微商的方法论，并不是真正以内容为导向、IP为价值取向的社群方法论。一个有实践项目经验的讲师更是高价难求。

这也是我为什么从最初的社群运营者开始转型到讲师领域的原因。因为我发现，市面上有很多实战项目经验的、有成功项目操盘经验的、团队管理经验的老师太少了，而这些往往是决定一个社群成败的关键。我们判断一个老师的实力，不仅仅是看Title，更重要的是看他真正做过哪些成功的案例，通过他的辅导或者操盘帮助企业带来哪些转变。

从2008年火遍全国的《风口》，到后来的畅销书《社群思维》《S2B崛起：新零售爆发》等，我有幸作为联合作者出现在读者面前，里面的很多案例都是我亲自参与的。但是我作为社群的发起人，一直没有站在授课的第一线，将我的经验传递给大家。所以今天我才这么迫切地想写这本书，将我从实践经验上总结、摸索出来的这些课程，教给大家，这才是我们社群经营者所需要的！

如今电商市场风起云涌，电商人惴惴不安，毕竟最核心的流量与数据都不在自己手里；平台入驻、后期推广、广告以及支付环节都需要付费，电商运营成本不断增加，压力越来越大；有的企业拥有大量的客户资源，但是无法持续开发客户价值；有的企业已经开始在微信营销、新媒体方面投入，但是产出不理想；有的企业负责人想要颠覆传统进行转型，但是内部沟通无法达成统一。

想要打破这种僵局，传统企业转型就必加入社群。我们以前都认为，客户是商家自己的，是我们忠实的粉丝，别人是抢不走的。但是互联网时代，尤其是社群新思维的时代，客户和用户虽然只有一字之差，但是却有天壤之别。顾客买完东西就走就叫客户，商家也没留住客户什么有效的信息；而在社群新思维的时代，顾客的数据都会被记录，甚至可以从顾客下单时长、日常兴趣等来判断客户的特征，这些消费特征一旦被商户所掌握，商户就有可能对顾客进行二次营销，从而把"客户"转化为多次购买、忠诚度较高的"用户"。也许有一天我们发现我们的客户已经不再属于我们了，而我们都不知道是谁抢走了我们的客户，这就是基于互联网的社群新零售的新思维带给我们巨大的挑战。

而《心经济社群裂变》这个课程，就是让我们在这种巨大的挑战和改变下，每个人都能适应并且成为受益者。不管你是社群发起人还是领导者，或者社群运营的人，要想能够在多方面赶在时代前列，而不被新技术新经济所淘汰，我们必须玩透彻这三个环节：引流、成交、裂变。

引流

很多做企业的朋友问我，明坤老师，你说的"流量"到底是个什么东西？它怎么赚钱呢？我们传统企业主还停留在开店等客做买卖的状态，平时也没几个客人，也没什么针对性的解决办法，偶尔贴贴大字报发发传单。在互联网兴起特别是4G网络和移动支付普遍以后，商铺门前那条街的人流量与互联网端口的巨额流量相比，无疑是小巫见大巫。流量经济时代，谁掌握了流量，谁掌握了入口，谁就是老大。可以说，掌握流量的人，就掌握了赚钱的金钥匙。

大家不要感觉把虚拟的流量变成实实在在的钱，特别不可思议。就我们中国来说，有十几亿人同时都使用流量的话，随便卖点什么都可以赚很多钱。所以对于这些互联网公司来说，最难的不是把流量变成现金，而是能够吸引流量，这才是最困难的事情。

下面是引流的几个最基础有效的方法：

1. 活动引流。线上线下、娱乐性质、学习性质的活动都可以。活动设计包含的内容非常多，包括主题设计、流程设计、宣传点、文案编排、活动复盘、赞助、场景选择等，大活动有大的设计，小活动有小的设计。活动是吸粉第一利器。

2. 内容引流。这个很好理解，比如有人看了我的书，他想学好社群运营，自然会找到我，跟我交流经验。任何社群，最低成本提供价值的方法就是内容。

3. 营销事件。回忆一下你是怎么知道优衣库的，前段时间的金拱门你还记得吗？找到合适的点，找准移动互联网爆炸式传播的突破点，只需要一个事件就可以让你获得巨大收益。即使你再也创造不出"10W+"，但你做过一个，就足够吸引很多人注意了。

4. 多平台推广。在这样的时代，高效地利用碎片化时间显得格外重要。你的眼光不能局限在一个平台上。各大平台都有自己强大的分发能力。其中以"用户主动转发推荐"的微信公众号；以"算法与机器推荐"为核心的今日头条、百家号、大鱼号、一点资讯、企鹅号、搜狐公众平台等自媒体平台；同时还有喜马拉雅音频节目，视频和直播也要提上日程。要在最短的时间内抢占能抢占的流量入口，为的是当用户在任何一个平台上随意打开或搜索时都会看到你的信息。

成交

社群营销是一种组织化的营销，它需要各个部门的配合和分工，才能达到最好的效果！

我们在运营社群的时候，并不是在微信群里随意说几句话，随口介绍一下产品、公布一下价格那么简单。其实，它涉及微信群氛围的打造、群成员的互动、群成员积极性的调动，群成员的跟踪服务等，尤其是当前流量红利在逐渐减少，增量匮乏，获取成本过高，转化率低等问题，是整个业界都面对的难题，这些都影响我们的成交。

流量经济开始从"收割"走向"收获"，用户喜欢才是考核的终极KPI，因为信任所以产生成交，这就是社群要解决的第一个问题。因此你要给用户提供有价值的信息。比方一个美容馆，经常有老师在免费的微信群持续进行护肤美容知识授课，一个月后老师推荐一款好用的护肤产品，或者护肤SPA。这个时候你会不会买？可能会，这是很多人的想法。

假如这个群是付费的，进去之前要花98元，老师讲课一周。生活当中的美容塑形小知识，这个时候推荐给你一款减脂塑形的产品，价格也就在几百块，你会不会买？80%会买，因为这个群是你花钱进的，就是为了这方面的知识让自己变得更美，所有的成交建立在真诚上，你有没有为社员提供有价值的东西。

裂变

社群裂变主要是关于人的裂变和钱的裂变。通俗来讲，就是把我们的员工和顾客变成合伙人，顾客变成用户，这是传统企业无法做到的；在利益共同体理念的引导下，那我们的员工可以成为合伙人，顾客可以成为我们的用户，也可以成为合伙人，则这个群体就具有非常强的联系，就有非常高的忠诚度，社群就是利益共同体。在传统销售模式下，我们产品服务10万顾客已经非常不容易，但是社群化运营过后，10万顾客背后的圈层，进行激活可以变成100万、1000万的顾客群体，由于提供三百六十行的消费服务，那顾客的活跃度也大大增加了。这就是人的裂变。

比如，你原本服务10万个顾客，假设每个顾客你赚100元，你每年可以赚1000万元，但是如果10万顾客背后的圈层，100万人、1000万人都被激活，三百六十行的消费跟你产生关系，1000万人每天每个人给你分0.1元，你每天都是100万，那一年是多少钱呢，所以这个体系将发生一个天翻地覆的变化。这就是社群的裂变效应。

我的梦想就是创建一个大社群，有钱、有学、有情，在这个社群里，每个成员之间是真诚的，能学到东西、赚到钱，找到情感归属，这是我最终的理想。

幸福力

幸福力是指让自己拥有幸福的能力，即能够让自己的自我价值得到满足，并使这种状态得以持续的能力。我们每个人与生俱来有这种能力，但在慢慢长大的过程中却把它弄丢了。

关于这部分，我更多聚焦在两性关系、亲子关系和家庭关系上，既有认知层面的知识点，更多的是身体层面落地实修的体验，目的是经由身体通道让我们直面心、灵的痛苦，让我们重新审视自己的情绪、关系和此生的使命，让我们重拾幸福的能力。

教练型女性

这部分的目的是让女性从一个证明者，变成一个支持者。作为一个支持者，她所拥有的这种力量和影响力，不论是家庭还是社会上，都能产生非常好的效果。

以蜕变的姿态重新走出去，这就是社群的力量。我也希望通过它，帮助到一部分人，让更多擅长运营的人出现并加入其中，让坤学会有更大的影响力。这是我一直努力的方向。

成长是终身的事业

中国古代哲学家荀子说过"学不可以已"。人如果停止学习，就会退步。在古代都需要长期保持学习，更何况这飞速发展的现代社会了，人的一生只充一次电的时代早已过去，只有让自己成为一块高效的蓄电池，持续地充电进步才能跟上时代的发展。

对于每个人来说，个人成长将是我们终身的事业。要保持这种不断成长进步的状态，就需要一直学习。学习可以说是人类进步的必要条件，也是生存的必要条件。终身学习会成为刚需，这个问题在今天已经无须讨论。但是，我们真的准备好迎接终身学习的社会了吗？

我的学习之路

终身成长的行动中，最难的是自定义目标。因为过去的学习目标往往是由学校引导的，大家只要选择了学习主题，就自动进入了一套任务体系。但是现在，世界不是由领域组成的，而是由挑战组成的。学习的任务体系变得极为多样化，是在各种知识体系中跳来跳去。我们所面临的挑战，主要来自自己的工作和由工作创造的社会关系中。

所以，我们的社会关系、工作场所正在成为最重要的学习场所，每一个人都应该有一种自觉：我，就是一所学校。我们必须着手改造这个工作场，在这里我就特别强调训练这个词，尤其是"自我训练"。

我自己每天6点起床，跑步半个小时。那在这个过程中，我把自己的注意力放在哪块肌肉上，使用什么速度等，都是需要自己调整的。这种训练是长期的，不是一天两天就能完成，它需要我们保持终身训练的状态。如此一路走，一路点亮，一路被点亮。直到走到我们自己也从未想到的地方。

迎接终身成长的社会，就是让学习成为每个人的力量。

我高中毕业以后就早早来到北京参加工作，因为当时早恋，跟我男朋友（现在是我先生）不想分开，他来了北京，我也跟着来了。再加上当时我父母准备离婚，虽然我考上了不错的大学，但是他们谁也没有资助我继续上大学的意思，如此我也就放弃了继续求学。

但是这也成了我内心的遗憾，我一直在寻求机会重新迈入大学。

等工作几年后，我的经济条件好转，于是重新考大学，进入中国音乐学院继续深造。

因为我从小喜欢音乐，在高中时我也开始参加声乐方面的培训，我一直觉得自己能成为一个歌唱家。在学校我上各种舞台去唱歌，也听了大量的音乐剧。但是我发现即使我很努力了，也很难在唱歌时全情投入，我觉得不对，这好像不是我自己，我依旧不能从唱歌中表达完整的自己，所以后来我继续学播音主持。

但是学音乐这段经历，对我的好处也是显而易见的，它对我整个人的气质气场有很大的帮助，让我对艺术、美的追求和感知力更敏锐。一直到现在，跟艺术相关的一切，我都非常热爱。

如果说唱歌不能表达完整的自己，我到底需要什么呢？我苦苦思索。这个问题可以说一直伴随着我，在我很小的时候，我就在思考自己的人生意义，想知道自己的使命是什么？

但是这期间一直没有答案。一个很偶然的契机，让我知道了自己做社群的能力，这也是我生命的一个转折点。

在我即将毕业时候，为了继续练习自己的英语口语，我报了某知名口语培训机构，花了好几万，但是到最后我发现自己还是哑巴英语，还是讲不出来。因为当时的培训模式依旧在做题上，真正讲英语的时间只有上课时偶尔用到。

于是我建立了一个英语角，还要求我的朋友见到我都要说英语，但我很快发现这些远远不够。而我身边说不出英语的人也很多，哪怕是获得博士学位的人，也是一口哑巴英语。于是我做了一个英语社群，叫Learning Together，就是想创建一个全英语的环境，鼓励每一个人大胆地说出来，而我做这些的初衷根本不是为了赚钱，一直是当成公益在做。

当时我快30岁了，每天熬夜用全英文撰写活动流程，学习总结等等。每个星期两次的活动，我这一坚持就是两年时间，不管刮风下雨，从未间断。

我记得活动现场总是挤满了人，有些人坐不下，就干脆站在角落里，或者坐在地上，同时期其他外教的房间反而没什么人。这两年时间，很多人因为我的聚乐部发生很大的改变，在这里没有人会嘲笑对方，也不用害怕自己说得不够好，大家渐渐在这种包容、温暖、真实的环境中找到了自信，结交了很多朋友。有些人甚至后来也成了我的合作伙伴，终身的挚友。

也是在这个过程中，发现我有做社群的能力，我能创造这样一个环境，让每个人都很真实、包容、乐观，他们在这里收获了很多的爱和温暖、力量以及自信。

而这两年期间，我从未从中获利，但是这种爱的能量一直激励着我不断为此付出，我惊讶地发现，走出最初的那段经济困境后，原来我获得快乐和价值感的事，并不是赚钱。

从那之后，我一直投身社群事业中，也从未停止过自己的学习。几乎每年我都要花费大量的时间和精力、金钱用于自我提升。包括后来我重新选修了播音主持专业，学习怎么做社群，参加英语演讲聚乐部，学习意大利语、德语等各种知识。我不断升级自己的知识架构体系，来适应这个高速发展的时代。

六年前，我在朋友圈见到有人发起"众筹"两个字，我非常敏锐地捕捉到了它背后的价值，立马去了解它是怎么回事。半个小时的交谈后，我就报名了朋友的培训机构，在这里开始学习新的商业模式——众筹。而我也迅速从学员成为八八众筹的联合创始人。

当我站在台上演讲，为学员们授课，为他们解忧赋能，被学员们称为财富女神，给人信心和力量时，我感到从未有过的强大。那一刻我发现，啊，这就是我自己！和这群创业者在一起，我就好像鱼儿回到了水里，原来我是属于这群人的！

当时我生完孩子没多久，下课间隙我还要给孩子喂奶。为了方便我上课，我先生干脆在学校旁边租了房子。我也特别感激那段时间他对我的支持。

也是在这期间，我在不断更新自己的课程。有些创业者在学习过程中有很大改变，但是学完后一回去，就被打回原形。后来我就进入深度思考，为什么这些人回去之后无法落地执行呢？

为了找到解决的方法，我开始涉猎心理学、教练学，参加国内外各种学习交流。在这个过程中，我渐渐明晰，也就是后来我创立赞美文化体系的原因，它就是我这些年深度思考和学习的成果。

整个过程我都是边做边学，每天工作十八个小时，甚至做梦的时候都在做教练对话。这些年，我累计超过五千个小时的教练对话训练，记录了我的每个学员的问题和变化，以及后面取得的成果等。他们每个人的档案都在我心里随时可以调出来，我时刻关注着他们的变化动态。

这些年，我付出的精力，远比我赚到的钱多。但我认为这就是我的使命，我内心有更大的愿景。有时候我也会愧疚自己在事业上付出太多，对不起家人，尤其是这两年，我开始慢慢关注自己的家庭和身体健康，让自己稍微停一下，尽力做到生活跟工作的平衡。

不断学习，不断成长，伴随着我一路走到现在。包括现在我开始学习做抖音、脱口秀等，最终的目的是让自己能够影响更多的人，成为那些普通人蜕变背后的支持者。

这一路满是荆棘，但也布满鲜花，我甘之如饴。

每个生命来到世间并非偶然，都带着他此生的功课和使命而来，所以，这场人生的旅程也是一场找回自我使命的旅程。

有的人很早就知道自己此生的使命，而我此生就是希望成为一名心灵成长的教练，用自己的生命去影响别人，将更多的爱与智慧分享出去，成就更多的人。

我的公益之路

我一直跟大家强调的一句话就是：所有的商业都要去向共赢，所有人不要去到森林里训练。在今天的互联网时代，"共赢经济"是商业必然的趋势。共赢、共享、共担，一起发展，一起合作。任何人都在互联网的环境下生活、成长、学习、相处，势不可当，不是你选择的问题，你已经是了。

我希望你不仅在家庭中有独立思想，在商业中也能做自己，正如欧普拉所说："若非出于真心，我再也不要为任何人做任何事。"

未来我也会花更多时间在公益上，做公益不是为了做给别人看，而是你自己相信，参与公益，自己才是最大的、真正的受益者。

公益与慈善不同，慈善以给钱为主，公益需要钱，但是光有钱远远不够。慈善在于给予，而公益在于参与，用心和时间付出点点滴滴的行动。

花钱是简单的，但是做出行动不容易。

改变立刻开始

我们讲了所有的问题和方法，最终的指向就是开始改变。很多人往往在行动这一步时开始犹豫，总是无法付诸行动，或者用"等待更佳的时机"当借口。我想告诉大家的是，改变最好的时机，就是当下。

有一位先生搭了一辆出租车要到某一目的地。这位乘客上了车，发现这辆车不仅是外观光鲜亮丽，这位司机先生也是衣装整洁，车内的布置亦十分的典雅，这位乘客相信这应该是段很舒服的行程。

车子一启动，司机很热心地问车内的温度是否适宜？又问他要不要听音乐或收音机？这位司机告诉他可以自行选择喜欢的音乐频道，就在车内，这位乘客选择了爵士音乐，浪漫的爵士风不禁让人为之放松。

司机在一个红绿灯前停了下来，回过头来告诉乘客，车上有早报和当期的杂志，前面的小冰箱中有果汁和可乐，如需要可自行取用，想喝热咖啡，保温瓶里就有。

这些特殊的服务，让这位乘客大感吃惊，他不禁望了一下这位司机，司机先生愉悦的表情就像车外和煦的阳光。

不一会儿，司机先生对乘客说：前面路段可能会塞车，这个时候高速公路反而不会塞车，我们走高速公路好吗？乘客同意后，这位司机又体贴地说：我是一个无所不聊的人，如果你想聊天，除了宗教和政治外，我什么都可以聊。如果你想休息或看风景，那我就静静地开车，不打扰您。

从上车到此刻，这位常搭出租车的乘客就充满惊奇，他不禁问司机先生：你什么时候开始这种服务方式的？

司机先生回答说：从我觉醒的那一刻开始！

司机便说到那段觉醒的过程，他一直一如往常，经常抱怨工作辛苦，人生没有意义，但在不经意间，他听到广播里在谈一些人生态度，你相信什么，就会得到什么，如果你觉得日子不顺心，那么所有发生的事都会让你感到倒霉；相反，你觉得今天是幸运的一天，那么每次遇到的人，都可能是你的贵人。

所以我相信，人要快乐，就要停止抱怨，要让自己改变。就从那一刻开始，我创造了一种新的生活方式，第一步，我把车子内内外外整理干净，再装一部专线电话，印几盒高级的名片，我下决心，要善待每一位乘客。

目的地到了，司机下了车，绕到后面帮乘客开车门，并递上刚刚说过的名片，说了声：希望下次有机会再为您服务。结果，这位出租车司机的生意没有受到经济不景气的影响，他很少会空车在这个城市兜转，他的乘客总是会事先预订好他的车，他的改变，不只是创造了更好的收入，而且更从工作中得到了自尊。

当我们开始觉醒，改变就在当下。行动的决心配上好的执行工具，往往事倍功半。在这里我推荐一个非常好用的工具给大家，它几乎适应于任何改变计划。当你开始熟练使用5W1H的工具，你就已经迈上了人生逆袭的第一步。

它能让你的计划明确而清晰。即：

1）Why——为什么干这件事？（目的）；

2）What——怎么回事？（对象）；

3）Where——在什么地方执行？（地点）；

4）When——什么时间执行？什么时间完成？（时间）；

5）Who——由谁执行？（人员）；

6）How——怎样执行？采取哪些有效措施？（方法）。

5W+1H：是对我们开始执行的改变，从原因（何因Why）、对象（何事What）、地点（何地Where）、时间（何时When）、人员（何人Who）、方法（何法How）等六个方面提出问题进行思考，作出可落地执行的计划。

可以说，从小到大，我经历了一次又一次的逆袭，学习成绩在逆袭，能力在逆袭，体重在逆袭，家庭关系在逆袭，事业在逆袭……

一个目标实现，下一个目标就开始了。我希望看完这本书，你已经开始着手自己的改变计划，迎来生命蜕变之旅！